河北省软科学研究专项创新能力提升计划（20557623D，

河北新型研发机构高质量发展的政策路径研究

黄　晟　杨文彬　胡艺馨　著

燕山大学出版社

· 秦皇岛 ·

图书在版编目（CIP）数据

河北新型研发机构高质量发展的政策路径研究／黄晟，杨文彬，胡艺馨著．—秦皇岛：燕山大学出版社，2022.5

ISBN 978-7-5761-0355-7

Ⅰ．①河… Ⅱ．①黄…②杨…③胡… Ⅲ．①科学研究组织机构－研究－河北 Ⅳ．①G322.232.2

中国版本图书馆 CIP 数据核字（2022）第 080225 号

河北新型研发机构高质量发展的政策路径研究

黄　晟　杨文彬　胡艺馨　著

出 版 人：陈　玉			
责任编辑：张岳洪		策划编辑：裴立超	
责任印制：吴　波		封面设计：刘馨泽	
出版发行：燕山大学出版社 YANSHAN UNIVERSITY PRESS		地　　址：河北省秦皇岛市河北大街西段 438 号	
邮政编码：066004		电　　话：0335-8387555	
印　　刷：英格拉姆印刷(固安)有限公司		经　　销：全国新华书店	

尺　　寸：170mm×240mm　16 开		印　　张：11.5	
版　　次：2022 年 5 月第 1 版		印　　次：2022 年 5 月第 1 次印刷	
书　　号：ISBN 978-7-5761-0355-7		字　　数：170 千字	
定　　价：46.00 元			

江苏省产业技术研究院智能制造技术研究所

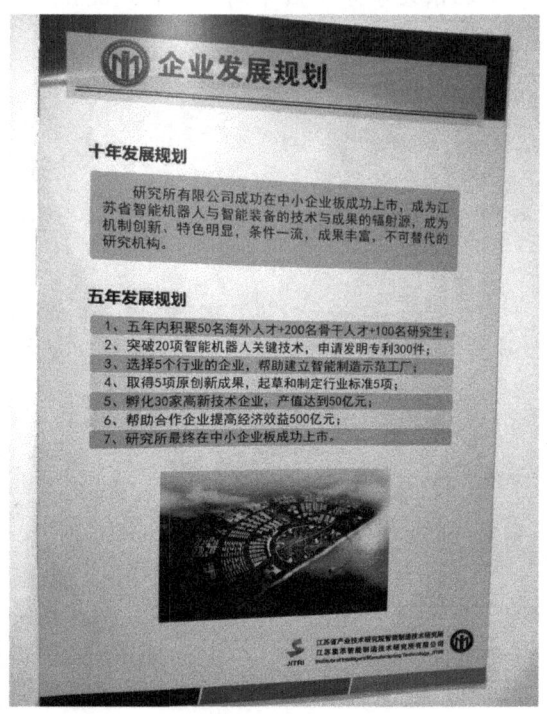

江苏省产业技术研究院智能制造技术研究所发展规划

北京大学分子医学南京转化研究院

北京大学分子医学南京转化研究院展厅

黄晟（左）一行调研深圳清华大学研究院

黄晟一行与深圳清华大学研究院代表交流座谈

黄晟一行调研深圳虚拟大学园

黄晟一行与深圳虚拟大学园代表交流座谈

前　　言

多年以来，我国通过多种途径转化科技成果取得了显著的成效，但仍然存在成果转化率低、中试环节薄弱、风险投资机构不完善等"老大难"问题，亟须新的模式和新的平台来融通从创新到产业的"最后一公里"。新型研发机构就是在这一背景下应运而生的、推动我国科技成果转化的"创新载体"。1996年，深圳市和清华大学签署协议成立的深圳清华大学研究院，被称为我国第一个新型研发机构，开启了我国科技研发平台与市场结合开拓创新的探索之路。随后，相继有中科院深圳先进技术研究院（2006年）、江苏省产业技术研究院（2013年）、北京协同创新研究院（2014年）在国内各地成立，并对推动当地创新发展发挥了重要作用。历经多年探索与实践，在国家实施创新驱动发展战略，产业转型升级扩展到全国，科技体制改革给予制度创新空间等一系列因素的催化下，2016年5月，在中共中央、国务院印发的《国家创新驱动发展战略纲要》中，明确提出要"发展面向市场的新型研发机构"。科技创新成为中国未来长期发展的战略选择，这也加速了"新型研发机构"这种面向市场的新研发机构形式正式出现在国家纲领性文件中。2018年，新型研发机构被首度写入政府工作报告。2019年9月，科技部印发《关于促进新型研发机构发展的指导意见》。新型研发机构作为我国创新科技管理体制机制的重要成果，在推动我国科技创新发展方面发挥了重要作用。

纵观各地新型研发机构实践现状，全国起步最早的广东，其市场相对成熟，企业对研发的重视程度高且自身研发能力较强，故企业在广东新型研发机构中扮演着重要角色。相对于广东，江苏企业实力稍逊，但凭借众多地方高校优势，江苏沉淀了丰富的人力资源，因此，在江苏特别是南京等地市，其新型研发机构的政策更侧重发挥领军人才、项目经理团队的作用。其有力的股权激励手段，导向性明显，能最大限度地调动人才积极性。南京等地还特别规范高校和科研院所不能以无形资产作价入股，只能以现金入股，由此推动高校和科研院所对新型研发机构真投入、真支持。在东北地区，辽宁、吉林等省发布建设文件后新型研发机构也纷纷涌现。一时间，新型研发机构在全国"遍地开花"，大有"燎原之势"。

河北省于 2017 年启动了新型研发机构建设。2018 年，河北省科学技术厅作为牵头单位，开始培育和分批比选符合条件的新型研发机构试点单位。截至 2020 年底，河北新型研发机构建设和发展取得了重要进展，累计培育新型研发机构建设试点单位 110 家，广泛分布于全省各市和各个行业，实现了《河北省科技创新三年行动计划（2018—2020 年）》中关于河北新型研发机构的建设目标。当前，河北新型研发机构已经初具规模，为河北科技创新、成果转化和社会经济发展注入了新的创新动力。然而，在取得重要进展的同时，现行新型研发机构政策还存在政策设计不够完整配套、资金奖补缺乏竞争优势、创新机制缺少市场参与、管理体制依然保守僵化、技术转移政策机制仍需落实、评价考核尚未成熟等问题。基于对广东、江苏、北京、天津等兄弟省市新型研发机构政策的比较研究，遵循服务京津冀协同发展战略、服务雄安新区建设、服务经济强省美丽河北建设原则，本书对河北新型研发机构高质量发展进行了探讨并提供了一系列政策分析。

本书内容主要分为 8 章。第 1 章市场化新型研发机构，主要阐述了本书的研究背景和意义，并对全书研究内容进行了介绍。第 2 章河北新型研发机构的目标定位，重点阐释了新型研发机构的概念界定和功能定位，为新型研发机构研究明确了研究范畴。第 3 章河北新型研发机构发展概况，主要介绍了河北新型研发机构的发展现状、主要特征等方面内容。第 4 章河北新型研发机构现行政策梳理，重点分析了河北现行的有关新型研发机构的政策层级体系、政策过程及政策工具。政策过程及政策工具主要包含新型研发机构的促进机制、申报机制、助力机制、综合评议机制、退出机制等。第5章河北新型研发机构政策效果评价，作为全书的重点内容之一，结合河北新型研发机构发展实际，从政策效果评价标准、取得成效角度对河北新型研发机构的政策效果作了系统分析。分析重点包括新型研发机构数量增长情况、地域和行业分布、高水平研究机构数量等。第6章河北新型研发机构发展中亟待破解的难点问题，深入系统地梳理了制约河北新型研发机构发展的重点难点问题，主要有政策设计不够完整配套、资金奖补缺乏竞争优势、创新机制缺少市场参与、管理体制依然保守僵化、技术转移政策机制仍需落实、评价考核尚未成熟系统等。第7章兄弟省市新型研发机构政策经验，以广东、江苏、北京、天津等省市新型研发机构的政策为基础，对比河北新型研发机构政策现状，为提出河北新型研发机构发展的政策路径奠定基础。第8章河北新型研发机构发展的政策路径，从政策优化的背景原则和政策优化的聚焦方向两大角度，为河北新型研发机构政策路径提供了整体政策方案和新版升级政策工具箱。结束语，通过回顾新型研发机构在推动我国科技体制创新中发挥的重要作用，分析指出河北市场化新型研发机构正从初创期转向成长期，推进新型研发机构的政策措施应适时调整，逐步实现"1.0版"政策向"2.0版"政策的转变升级，从而为新型研发机构的发展创造更好政策保障、构建更好创新生态，深化科技改革创新，创新链、产业链深度融合。

我们期望通过一系列的对比分析和实证研究，提供符合河北新型研发机构进一步高质量发展的政策体系、政策工具，以期协助建立更具创新意义和河北特色的新型研发机构发展氛围，推动市场化新型研发机构在河北走向成熟，促进河北经济社会不断高质量创新发展。

目　　录

第 1 章　市场化新型研发机构

21 世纪以来，全球科技创新进入空前密集活跃的时期，新一轮科技革命和产业变革正在重构全球创新版图、重塑全球经济结构。科学技术从来没有像今天这样深刻影响着国家前途命运，从来没有像今天这样深刻影响着人民生活福祉。针对此前我国科技创新政策与经济、产业政策的统筹衔接还不够，科技成果转化渠道还不够畅通，创新链产业链融合度还不够深入等问题在一定程度上制约我国经济社会高质量发展的实际情况，十九届五中全会指出，坚持创新在我国现代化建设全局中的核心地位，把科技自立自强作为国家发展的战略支撑，面向世界科技前沿、面向经济主战场、面向国家重大需求、面向人民生命健康，深入实施科教兴国战略、人才强国战略、创新驱动发展战略，完善国家创新体系，加快建设科技强国。要强化国家战略科技力量，提升企业技术创新能力，激发人才创新活力，完善科技创新体制机制。

研发机构是科技创新的主体，特别是企业研发机构、行业研究院以及产业发展咨询智库，在企业（产业）科技研发以及科技发展规划中起着决定性作用。研发机构也是推动企业和产业转型升级的核心要素。新型研发机构作为推动我国科技成果转化的一种创新载体，于世纪之交，在国家改革开放的前沿阵地——深圳登上了历史舞台。20 世纪 80 至 90 年代，我国高校和科研院所的科技成果真正实现产业化的案例凤毛麟角，高校院所和企业之间、科研成果和市场产品之间存在巨大断层，亟须建立一座桥梁，连通从技术到产业的"最后一公里"。1996年，清华大学和深圳市率先打破体制机制束缚，签署协议成立深圳清华大学研究院，开启了我国科技体制机制改革创新的探索之路。随后，新型研发机构逐步发展成为高校、科研院所和企业之外的一种新兴力量，肩负起了服务经济社会发展需求，服务战略性新兴产业、高新技术产业的培育发展以及为传统产业转型升级提供技术创新的重要使命。

2021年9月27—28日，习近平总书记在中央人才工作会议上强调："加快建设世界重要人才中心和创新高地，需要进行战略布局。综合考虑，可以在北京、上海、粤港澳大湾区建设高水平人才高地，一些高层次人才集中的中心城市也要着力建设吸引和集聚人才的平台，开展人才发展体制机制综合改革试点，集中国家优质资源重点支持建设一批国家实验室和新型研发机构，发起国际大科学计划，为人才提供国际一流的创新平台，加快形成战略支点和雁阵格局。"谁也未曾想到，历经20多年的发展，新型研发机构已经在国内若干省市一跃成为与国家实验室比肩的国际一流创新平台，成为国家重点支持的集聚人才的平台高地。

"创新不问出身，英雄不论出处"，正是带着这种特殊的"气质"，新型研发机构"脱俗"于传统高校、科研院所和企业，成为创新科研体制机制的典范，为经济社会高质量发展注入了新的活力，取得的成绩被国家社会所认可。目前，包括河北在内的全国绝大部分省份均已出台省级政策文件，大力支持新型研发机构建设。

全国新型研发机构发展方兴未艾，河北省委省政府因势利导，于2017年启动了河北新型研发机构建设。从2018年起，河北省科学技术厅作为牵头单位，开始分批培育新型研发机构试点单位。截至2021年，河北省共培育省级新型研发机构试点单位110家，遍布全省各市。可以说，河北新型研发机构已经初具规模，实现了《河北省科技创新三年行动计划（2018—2020年）》中关于河北新型研发机构的建设目标，为河北科技创新、成果转化和社会经济发展注入了新的动力、搭建了新的融合创新平台，为河北实现由科技大省向科技强省的加速跨越提供了新的路径方案。

尽管河北新型研发机构取得了一定发展，但相比很多兄弟省市，河北新型研发机构尚处于发展的探索阶段，新型研发机构带来的创新潜力、资本活力、增长动力等红利还未实现规模化效应，还未得到充分释放。2021年，河北着眼世界百年未有之大变局，从世界力量格局之变、科技创新格局之变、全球经贸格局之变等维度，全面推进落实河北"十四五"发展规划的开局起步，正是千军竞发、百舸争流，各类创新主体抢抓机遇、作出贡献的重要关键时期。新型研发机构作为科技创新平台的重要组成，其发展走向又一次站在了十字路口。在这样的关键节点，继续鼓励、支持新型研发机构发展，调整改进河北新型研发机构政策，优化河北新型研发机构发展生态，对于推进河北新型研发机构健康、快速发展具有巨大现实意义和理论意义。

本书以河北新型研发机构政策为主要研究对象，在深入分析河北新型研发机构政策及其与国内兄弟省市政策比较的基础上，结合河北省整体科技创新的现状以及研发机构的特点，立足于"推动京津冀协同发展、雄安新区规划建设、北京冬奥会筹办"三件大事，把握河北新型研发机构千载难逢的发展窗口期和历史机遇期，提出河北新型研发机构政策发展正处在由"探索期（1.0）"到"成长期（2.0）"的交替阶段，交替的时间点为2021年11月发布的《河北省新型研发机构管理办法》。下一步，河北新型研发机构政策环境将进入成长期（2.0）阶段。本书基于这一大的政策背景，探索提供"河北省新型研发机构政策升级2.0版"工具箱，为河北新型研发机构发展提供有益建议。

第 2 章　河北新型研发机构的目标定位

2.1 新型研发机构的界定

新型研发机构，是指投资主体多元化，建设模式国际化，运行机制市场化，管理制度现代化，创新创业与孵化育成相结合，产学研紧密结合，围绕提升产业技术创新整体水平，从事科学研究、技术研发、成果转化、技术服务、企业孵化等科技研发活动的新型独立法人组织。

依据河北科技创新实践，新型研发机构试点单位应具备 5 个方面的条件。一是具备独立法人资格：申报单位与拟申请新型研发机构试点单位须为同一法人，是具有独立法人的企业、事业单位、民办非企业单位等组织或机构。二是在冀注册和运营：注册地在河北，主要办公和科研场所设在河北，具有一定的资产规模和相对稳定的资金来源，原则上要求注册后运营 1 年以上。三是具备一定的研发条件：上年度研究开发经费支出占年收入总额比例原则上不低于 30%；在职研发人员占在职员工总数比例不低于 30%；具备进行研究、开发和试验所需的科研仪器、设备和固定场地。四是具备灵活开放的体制机制：管理制度健全，具有现代的管理体制，拥有明确的人事、薪酬、行政和经费等内部管理制度；运行机制高效，包括多元化的投入机制、市场化的决策机制、高效率的成果转化机制等；引人机制灵活，包括市场化的薪酬机制、企业化的收益分配机制、开放型的引人和用人机制等。五是业务发展方向明确：符合国家和地方经济发展需求，以研发活动为主，具有明确的研发方向和清晰的发展战略，在前沿技术研究、工程技术开发、科技成果转化、创业与孵化育成等方面有鲜明特色。

2.2 新型研发机构功能定位

新兴研发机构集科技研发、成果转化、创新创业、企业孵化、人才培育、技术服务等多项功能，其核心特质是创新与创业，通过科研创新实现技术产业化，通过创业反哺技术再创新，即通过前沿技术研究、基础研究和应用研究，实现科技成果并转化，推动产业发展。同时，科研技术的成功规模化、产业化、市场化所带来的经济增长点，以及由此孵化衍生出来的创新企业，乃至新兴行业所创造的价值、财富，继续反哺前沿技术研发，持续支撑科研创新。

当前，河北正处于重要的历史性窗口期和战略性机遇期，面对世界新一轮科技革命与产业变革的重大机遇和挑战，面对转变发展方式、推动高质量发展的重大任务，河北比以往任何时期都更加需要科技引领、创新支撑和改革保障。立足于如此关键的区域发展大背景下，河北新型研发机构的目标定位是成为服务于国家战略发展需要，服务于区域跨越式发展，服务于地方经济社会民生，助力河北深化科技改革创新、创新链、产业链深度融合，瞄准国际国内前沿技术、集聚京津冀顶尖人才和团队、把握雄安新区建设战略布局契机，努力构建具有国际一流研发条件和水平的创新平台，以支撑引领战略性新兴产业发展为目标，以市场为导向，以创富为动力，以企业化运作为模式，集科技创新与产业化于一体，掌握新兴产业和行业发展话语权的领军型创新机构。具体而言，其功能主要包含以下方面。

一是开展科技研发。围绕重点发展领域的前沿技术、战略性新兴产业关键共性技术、支柱产业核心技术等开展研发，解决产业发展中的技术瓶颈，为河北乃至全国的创新驱动发展提供支撑。了解国内外创设新型研发机构的先进做法和经验，并对科技创新与研发机构的规律性、普遍性、实用性的经验启示进行总结提炼。

二是科技成果转化。积极贯彻落实国家、京津冀区域关于科技成果转化政策，完善成果转化体制机制，构建专业化技术转移体系，加快推动科技成果向市场转化，并结合河北产业发展需求，积极开展各类科技服务。其中，风险投资在科技成果转化方面发挥着重要作用。要充分发挥金融与科技双重作用，深入促进科技与金融的结合，提高科技成果转化的效率。

三是科技企业孵化育成。以技术成果为纽带，联合多方资金和团队，积极开展科技型企业的孵化与育成，为河北经济和科技创新发展提供支撑。要充分利用河北创新创业氛围浓厚的优势，发挥年轻创新创业人才的积极性，吸纳风险资本，启动政府多重灵活资金支持机制，孵化更多科技企业。

四是高端人才集聚和培养。明确建设创新人才高地的差距和需求，吸引重点发展领域高端人才及团队落户河北，培养和造就具有世界水平的科学家、科技领军人才和创业人才，服务地方经济发展。梳理培养与引进创新创业团队、领军人才、企业家、高技能人才等过程中存在的问题，梳理人才创新创业过程中遇到的问题和迫切需求，研究加快集聚创新人才的对策建议。研究加强产学研合作、推进协同创新、支持人才创业、加快科技成果转化的对策建议。研究构建具有国际竞争优势人才生态体系的对策建议。

五是构建以新型研发机构为源头的新兴产业体系。在科技体制改革创新上不断探索总结，为河北乃至全国的科技体制改革提供经验和路径，尽快完善整个实验室体系建设，争取新建更多国家级重点实验室、工程实验室、工程研究中心；形成更紧密合作关系的产学研联盟，推动自主创新成果快速转化，并培育一批新型企业集群，带动和促进全市企业转型升级；努力把握全球最新技术动态和方向，战略性、前瞻性地启动技术研究，努力培育更多世界知名的新型研究机构。

六是积极提供专业化系统化技术服务。围绕区域产业发展需求，利用人才和技术等创新资源优势，为各类企业提供技术开发、技术转让、技术咨询、技术诊断和技术培训等专业化服务。充分利用自有研发与转化的科学设备、工程平台、中试车间、检测系统、数据中心等科研平台资源，构建具备提供支撑河北产业链升级、重大新品研发、"卡脖子"技术攻关等关键领域、前沿技术、特种行业的解决方案能力。

第3章 河北新型研发机构发展概况

3.1 河北新型研发机构发展现状

从 2018 年起，河北省科学技术厅作为牵头单位，开始分批培育新型研发机构试点单位。截至 2021 年，河北省共培育省级新型研发机构试点单位 110 家，遍布全省各市（参见表 3-1）。

表 3-1　河北新型研发机构试点单位概览

序号	单位名称	归口管理部门
1	河北思达环境科技有限公司	石家庄市科技局（28个）
2	石药集团中奇制药技术（石家庄）有限公司	
3	河北生命原点生物科技有限公司	
4	河北科莱维生物科技有限公司	
5	华北制药集团新药研究开发有限责任公司	
6	河北菲尼斯生物技术有限公司	
7	河北博海生物工程开发有限公司	
8	石家庄博瑞迪生物技术有限公司	
9	河北智恒医药科技股份有限公司	
10	石家庄沃泰生物有限公司	
11	河北浓孚雨生物科技有限公司	
12	森思泰克河北科技有限公司	
13	石家庄滐格医药科技有限公司	

（续表）

序号	单位名称	归口管理部门
14	石家庄市万丰种业有限公司	石家庄市科技局（28个）
15	石家庄鑫农机械有限公司	
16	河北宇辰医药科技有限公司	
17	河北恒华信息技术有限公司	
18	河北斐然科技有限公司	
19	河北贝特赛奥生物科技有限公司	
20	石家庄市度智医药科技有限公司	
21	石家庄科仁医药科技有限公司	
22	河北嘉丰种业有限公司	
23	河北森朗生物科技有限公司	
24	河北新龙科技集团股份有限公司	
25	河北神玥软件科技股份有限公司	
26	河北华普化工设备科技有限公司	
27	河北广联信息技术有限公司	
28	河北利德检测技术有限公司	
29	河北省纺织科学研究所	省国资委
30	河北省机电一体化中试基地	省科学院
31	河北省农业机械化研究所有限公司	省农科院
32	平泉市食用菌研究会	承德市科技局（10个）
33	河北睿索固废工程技术研究院有限公司	
34	承德神栗食品股份有限公司	
35	兴隆县山楂产业技术研究院	
36	承德众智软件开发有限公司	
37	平泉市尚泽果业有限公司	
38	承德天大钒业有限责任公司	
39	河北龙庆生物科技有限公司	
40	承德华远自动化设备有限公司	
41	河北林松金属粉末科技有限公司	
42	张家口冀雨科技有限公司	张家口市科技局（5个）
43	哈工大（张家口）工业技术研究院	
44	河北工业大学（张北）产业技术研究院	

（续表）

序号	单位名称	归口管理部门
45	张家口天龙科技发展有限公司	张家口市科技局（5个）
46	张家口安智科为新能源有限公司	
47	北京化工大学秦皇岛环渤海生物产业研究院	秦皇岛市科技局（11个）
48	秦皇岛玻璃工业研究设计院有限公司	
49	秦皇岛中科资环信息技术有限公司	
50	鹰领航空高端装备技术秦皇岛有限公司	
51	秦皇岛天大环保研究院有限公司	
52	国家康复辅具研究中心秦皇岛研究院	
53	秦皇岛运通科技有限公司	
54	秦皇岛莱特环保工程有限公司	
55	秦皇岛禾苗生物技术有限公司	
56	秦皇岛道天精密磨具有限公司	
57	河北航轮科技有限公司	
58	京津冀钢铁联盟（迁安）协同创新研究院有限公司	唐山市科技局（4个）
59	唐山开元焊接自动化技术研究所有限公司	
60	滦南县燕南农具技术服务有限公司	
61	英诺特（唐山）生物技术有限公司	
62	河北烯创科技有限公司	廊坊市科技局（13个）
63	新智数字科技有限公司	
64	廊坊智慧环境生态产业研究院有限公司	
65	中科廊坊过程工程研究院	
66	中科空间信息（廊坊）研究院	
67	新奥石墨烯技术有限公司	
68	新绎健康科技有限公司	
69	恩力能源科技有限公司	
70	廊坊云途科技股份有限公司	
71	廊坊开发区企联环境监测中心有限公司	
72	国科赛赋河北医药技术有限公司	
73	三河福成生物科技有限公司	
74	廊坊市六骥生物技术开发有限公司	

（续表）

序号	单位名称	归口管理部门
75	河北天启通宇航空器材科技发展有限公司	保定市科技局（4 个）
76	河北同光晶体有限公司	
77	河北鑫民和医药科技开发有限责任公司	
78	河北利福光电技术有限公司	
79	河北省北方管道部件产业技术研究院	沧州市科技局（8 个）
80	河北京津冀再制造产业技术研究有限公司	
81	沧州维智达美制药有限公司	
82	沧州临港兴泓科技发展有限公司	
83	河北绪必迪医药科技有限公司	
84	华北（沧州）智能装备研究院有限公司	
85	华鹰电机科技有限公司	
86	河北祥义模具科技有限公司	
87	河北中科同创科技发展有限公司	衡水市科技局（4 个）
88	河北省同创交通工程配套产品产业技术研究院	
89	河北省多基复合材料产业技术研究院有限公司	
90	河北中科同创钒钛科技有限公司	
91	邢台旭阳科技有限公司	邢台市科技局（6 个）
92	河北省沙河玻璃技术研究院	
93	润泰救援装备科技河北有限公司	
94	临城县水泵产业技术研究院	
95	河北省轴承产业技术研究院	
96	河北盛世博业科技有限公司	
97	中国永年标准件研究院	邯郸市科技局（9 个）
98	北京大学邯郸创新研究院	
99	河北智生环保科技有限公司	
100	河北硅谷化工研究院	
101	太行通信股份有限公司	
102	河北高翔地理信息技术服务有限公司	
103	魏县益聚种植园艺设计有限公司	
104	魏县聚邦新材料科技有限公司	
105	邯郸市金益农生物科技开发有限公司	

序号	单位名称	归口管理部门
106	定州市黄家葡萄酒庄有限公司	定州市科技局（3个）
107	定州市农林科学研究院	
108	定州市华耘农业科学技术研究所	
109	河北大地农业科学研究院	辛集市科技局（2个）
110	河北省皮革研究院	

3.2 河北新型研发机构主要特征

通过系统梳理河北现有110家新型研发机构试点单位，总结河北新型研发机构的主要特征如下：

一是新型研发机构数量尚可、发展较快。河北新型研发机构起步较晚，截至2021年全省省级新型研发机构试点单位有110家，数量少于广东、江苏、浙江等省，但多于中西部省份，在全国处于中上游。河北新型研发机构发展很快，根据调研，在现有的110家新型研发机构试点单位中，建立于2011年之后的为75家，建立于2011年以前的有28家，另外有7家建立时间不明。可以说大约70%的新型研发机构是近10年发展起来的。

二是新型研发机构的发展密切结合省市产业结构。从全省来看，研发机构的研究集中在生物技术、医药、能源、化工等领域，与河北省产业结构大体吻合。石家庄的很多新型研发机构开展生物技术、医药等领域研究，与石家庄产业结构紧密契合。而在秦皇岛、邢台沙河等地，与玻璃产业相关的新型研发机构发展势头很好，很大程度得益于传统优势。辛集重点发展与皮革相关的新型研发机构，也是与传统优势产业相结合。

三是组织类型多样化。在河北省现有110家新型研发机构试点单位中，登记为事业单位的有9家，民办非企业有11家，其他各类公司90家。

四是新型研发机构地域分布不均衡。在河北省现有110家新型研发机构中，28家位于石家庄市。石家庄市的新型研发机构数量最多，比例最高。而唐山和保定都只有4家，与其经济、人口规模不相匹配。

五是相当一部分新型研发机构试点单位规模小，从业人员少。在河北省现有 110 家新型研发机构中，注册资本在 50 万元（含 50 万元）以下的有 8 家，注册资本在 51 万元至 100 万元之间的有 5 家，注册资本在 101 万元至 500 万元之间的有 23 家，注册资本在 501 万元至 1000 万元之间的有 17 家，注册资本在 1001 万元至 5000 万元之间的有 42 家，注册资本在 5001 万元至 1 亿元之间的有 8 家，注册资本在 1 亿元以上的有 7 家。从从业人员（以参加社保人数为准）数量看，从业人员在 10 人（含 10 人）以下的有 24 家，从业人员在 11 人至 50 人之间的有 34 家，从业人员在 51 人至 100 人之间的有 11 家，从业人员在 100 人以上的有 13 家，另外有 28 家新型研发机构从业人员数量不明。

综上所述，近些年来河北新型研发机构发展速度很快，数量较多，类型丰富，可以有效结合省市产业结构，总体发展良好。但仍存在规模小、从业人员少、地域分布不均衡、高精尖研发领域少等问题，需要进一步改进政策引导方案。

当前，河北新型研发机构支持政策正由"探索期（1.0）"到"成长期（2.0）"过渡。创新科技管理机制、综合创新生态体系正在逐步建设完善，需着重从科技资金管理制度到成果转化激励机制、科研体系、创新载体建设、高水平大学建设等方面逐步加强体制机制创新。同时还强调要提升创新文化软实力，建立容错试错机制，营造宽容失败、鼓励创新的环境。

3.3 近年来河北新型研发机构典型案例

2021 年 12 月，为了加快培育发展河北新型研发机构，根据《河北省新型研发机构管理办法》（冀科平规〔2021〕1 号）、《河北省科学技术厅关于组织申报 2021 年度河北省新型研发机构的通知》（冀科平函〔2021〕31 号）有关要求，经申报、评审、公示等有关程序，河北省科技厅最终确定华北制药集团新药研究开发有限责任公司等 4 家单位为 2021 年度河北省成长型新型研发机构，哈工大（张家口）工业技术研究院等 10 家单位为

2021 年度河北省初创型新型研发机构（名单见表 3-2），有效期 3 年。这些
新型研发机构不仅聚焦于河北信息智能、生物医药健康等 12 大主导产业和
装备制造、农产品加工等 107 个县域特色产业集群发展需求，并且满足在
河北省内注册并运营 3 年以上，2018 至 2020 年间取得的科研成果符合相
应绩效指标，主要从事科学研究、技术创新和研发服务，投资主体多元化、
管理制度现代化、运行机制市场化、用人机制灵活等严格要求。

表 3-2 2021 年度河北新型研发机构评选名单

序号	机构名称	归口管理部门	法人性质	注册时间
省成长型新型研发机构				
1	石药集团中奇制药技术（石家庄）有限公司	石家庄市科技局	企业	20030425
2	华北制药集团新药研究开发有限责任公司	石家庄市科技局	企业	20010628
3	临城县水泵产业技术研究院	邢台市科技局	民办非企业	20160418
4	河北京津冀再制造产业技术研究有限公司	沧州市科技局	企业	20170824
省初创型新型研发机构				
1	哈工大（张家口）工业技术研究院	张家口市科技局	非财政保障事业单位	20170413
2	智慧互通科技股份有限公司	张家口市科技局	企业	20150608
3	河北菲尼斯生物技术有限公司	石家庄市科技局	企业	20100513
4	河北省同创交通工程配套产品产业技术研究院	衡水市科技局	民办非企业	20151203
5	京津冀钢铁联盟（迁安）协同创新研究院有限公司	唐山市科技局	企业	20160429
6	鹰领航空高端装备技术秦皇岛有限公司	秦皇岛市科技局	企业	20141208
7	河北盛火新材料科技有限公司	邯郸市科技局	企业	20071210
8	河北瑞龙生物科技有限公司	石家庄市科技局	企业	20090526
9	河北新林坡孵化器股份有限公司	沧州市科技局	企业	20040909
10	河北劲派橡塑管件研究所	衡水市科技局	民办非企业	20070207

3.3.1 石药集团中奇制药技术（石家庄）有限公司

2021 年 12 月 28 日，石药集团中奇制药技术（石家庄）有限公司获得"河北省成长型新型研发机构"称号，这是中奇公司自 2018 年成为河北新型研发机构后获得的新的认可。石药集团中奇制药技术（石家庄）有限公司位于石药集团总部所在地石家庄，是石药集团一级研发机构，拥有固定资产 4 亿多元，建筑面积 41000 平方米。现有结构合理的各专业研发人员 500 余人，其中博士、硕士和高级技术职称以上的人员占 60％以上。

中奇公司是石药集团全球五大研发中心之一，是石药集团"创新驱动"发展策略的重要载体之一，专注于小分子靶向药物、纳米药物、单抗药物、双抗药物、抗体偶联药物、mRNA 疫苗、小核酸药物、定点偶联修饰多肽 / 蛋白等领域，不断加强创新药物研发，科研硕果累累，为河北省医药行业科技创新作出了突出贡献。

中奇公司目前在研项目 217 项，承担国家级重大科技专项 11 项、河北省科技计划项目 9 项；申请专利 111 项，其中国内发明专利 92 项、国际 PCT 专利 19 项；专利授权 67 项，其中国内发明专利 36 项、国际 PCT 专利 30 项。拥有"新型药物制剂与辅料国家重点实验""手性药物开发国家地方联合工程实验室"和"石药集团新型制剂与生物医药国际科技合作基地"等国家级平台。"聚乙二醇定点修饰重组蛋白药物关键技术体系建立及产业化"项目获得国家科技进步二等奖，"碳青霉烯类药物产业化关键技术研究"项目获得河北省科技进步一等奖。

2022 年 4 月，石药集团（01093.HK）发布公告，中奇制药技术（石家庄）有限公司开发的"顺铂胶束注射液"已获中国国家药品监督管理局批准，可在中国开展临床试验。根据披露，顺铂为治疗多种实体瘤的一线用药，但肾毒性、神经毒性等严重的不良反应限制了其临床应用。集团以高分子嵌段共聚物作为载体，自主开发该产品，实现了多项独特优点，包括：顺铂高效装载；减少游离药物在正常组织中的积累，降低毒副作用；纳米尺度的顺铂胶束可以选择性靶向肿瘤区域，有利于提高治疗指数。临床前研究结果显示：与顺铂普通制剂相比，该产品给药后在血液中长时间以胶束形式存在，延长了顺铂在血液中的循环时间；同等剂量下，在大鼠和比格犬上的毒性反应明显减少，且在同等剂量甚至更高剂量下耳毒性和神经毒性显著降低，安全窗显著提高。同时，在多种肿瘤动物模型中显示出良好的抗肿瘤作用。该注射液的临床适应证为晚期恶性实体瘤，基于临床前研究结果，产品有希望在临床试验中展现出良好的效果。该产品属于中国化学药品注册分类 2 类，目前全球尚无同类产品上市。

3.3.2 华北制药集团新药研究开发有限责任公司

华北制药集团新药研究开发有限责任公司为华北制药集团有限责任公司下属子公司，是以创新药物研究为宗旨，以新生物制品和化学药品为主要研究方向，融信息、科研、中试、生产为一体的医药科研开发机构。新药研发公司承担着国家和华药集团公司的重大新产品、新技术研究开发任务，特别是高新技术药品和主导产品关键技术的自主开发及有自主知识产权的创新药物研究。该公司是国家认定的"企业技术中心""高技术研究成果产业化基地"和"博士后科研工作站"。2020 年 4 月，入选国务院国资委"科改示范企业"名单。2021 年 12 月 28 日获得"河北省成长型新型研发机构"称号。

该公司以人类健康至上、促进医药经济发展为宗旨，以体制创新和机制创新为手段，来提高公司的技术创新能力和核心竞争力。公司主要研究领域为抗生素、生物技术药物、药物新剂型研制、小分子药物及天然药物筛选研究等。利用多年来形成的技术优势，面向解决产业发展的关键共性问题，形成了研发平台、试验检测平台、中试平台和国际孵化平台等在内的配套完整的全方位技术服务体系，为行业发展提供技术支撑服务。目前建成的技术平台有：微生物药物研发技术平台、生物技术药物研发技术平台、合成及半合成药物研发技术平台、药物制剂研发技术平台、药物分析及质量研究技术平台、药物筛选技术平台、药品注册及临床研究技术平台。公司现有职工 500 余人，其中正高级工程师及高级工程师 45 人，拥有建筑面积 11000 平方米的科研大楼和 8000 平方米的多功能中试和生产车间。研究室配备了国际国内先进设备，共有仪器、设备 1700 余台（套），其中具有国际水平的进口仪器 160 多台（套），另有 5 个中试系统、1 个清洁级动物实验室和 3 座 GMP 生产车间。

该公司先后承担了包括国家"863 计划"、"973 计划"、科技重大专项、基础平台建设专项、科技支撑计划等 100 多项政府科研项目。近三年来获得国家科技进步二等奖 1 项，河北省科技进步奖一等奖 2 项、三等奖 2 项。其中奥木替韦单抗注射液（重组人源抗狂犬病毒单抗注射液），经过华北制药17 年研发，于 2022 年 1 月 25 日获批上市，成为河北省首个获批上市的 1类生物药。

3.3.3 临城县水泵产业技术研究院

由于水泵在国民经济发展中有着广阔的应用市场，所以为了设计并制造出满足各行各业要求的高性能、高质量的水泵，我国从 20 世纪 80 年代末 90 年代初开始，伴随着电子技术的广泛应用和测试仪器仪表、自动控制技术的飞跃发展，国内一些科研单位相继对水泵测试装置进行了研究与开发，他们为水泵质量的不断提高，水泵性能的不断完善发挥了先导性的作用。但是同国外泵业相比，中国泵业在设计能力、技术创新能力和产品性能方面尚存在很大差距。

临城县水泵产业技术研究院（以下简称产业技术研究院）是河北省科学技术厅正式批准建设运行的我国唯一一个水泵产业技术研究院。该研究院积极致力于研究水泵行业未来发展趋势和制定行业发展规划，注重水泵新产品的研发，加工工艺及装备的研发，新材料的研发，新产品、新技术的推广，行业标准的制定，加速科技成果转化，形成科技资源集聚效应和加快应用研究的步伐，形成"政产学研用"共赢发展的产业技术模式，推动水泵产业转型升级、稳步发展。

该研究院以进一步优化科技资源配置，提升科技资源的共享水平，"创新驱动，龙头带动，增强内生动力，促进产业发展"为宗旨，全面提升水泵产业的技术创新能力和核心竞争力，增强产业的创新驱动能力，以河北省临城县的水泵产业为基点，促进全省水泵产业的技术进步，对形成新的优势特色产业具有强力的支撑作用。产业技术研究院的建设是以实际行动贯彻落实河北省工业强省创新驱动的发展战略，不仅有利于增加当地企业的自主创新能力，符合当地经济发展的需求，也为今后河北水泵产业的发展打下坚实的技术基础，对提高我国水泵产业的整体技术水平具有积极的影响作用。

产业技术研究院以统筹优化水泵科技资源配置为主线，以提升河北水泵的技术创新能力为目标，以水泵关键共性技术开发为重点，聚集和高效利用相关领域内企业、高校、检测研究机构的技术资源，努力探索建立市场经济条件下以政府为主导、政产学研用紧密结合的新型产业技术创新模式，面向产业发展需求，开展产业共性关键技术研发、成果转化、技术服务、对外开放与人才引进培养和产业发展战略规划研究，致力解决一批影响我省水泵产业发展的技术难题，打造特色鲜明具有国内先进水平的水泵产业技术创新平台、科技成果转化平台、科技资源交流共享平台、关键共性技术研发平台和行业发展咨询服务五大功能平台，支撑和引领水泵产业成为河北的新兴支柱产业。

产业技术研究院建立了政府主导、企业共建的管理模式，依托临城县水泵产业技术研究院的技术基础，由中国农业机械化科学研究院、河北省机械科学研究设计院、河北科技大学、天津甘泉技术中心、河北普乐水泵集团、河北临泉水泵集团有限公司共建。共建单位组建成立了理事会、专家咨询指导委员会，制定了产业技术研究院章程，建立健全了运行管理机制，实行理事会决策、专家咨询指导委员会指导的院长负责制。产业技术研究院是我国水泵行业具有较高水平的一个共创平台。

产业技术研究院在定位"五大平台"的基础上，结合《中国制造2025》及工业4.0的政策要求和引导，调研水泵产业需要解决的关键共性问题、产业规划及企业转型升级问题，融入先进制造、智能制造、网络信息及现代管理、检测技术等前沿技术研究，确定了新产品研发、关键基础零部件开发与产业化、新材料及先进生产工艺装备开发、水泵产品标准化及检测技术研究、产业发展新模式及应用技术研究五大技术研究方向。

临城县水泵产业始于 20 世纪 70 年代初，经过 50 余年发展，成为该县县域特色产业之一。目前，临城县从事泵阀生产制造及配件的企业有 140 余家，年生产潜水电泵 40 多万台、防喷器 500 组、泥浆泵 300 台、阀门 10 万套，产品出口欧、美、亚、非等国家和地区。该县建有国家级研发平台 1 家、省级平台 4 家、市级平台 16 家，拥有发明专利 30 多项，高新技术企业 5 家、科技型中小企业 40 多家。2018 年 12 月，该县被命名为"河北省泵阀产业名县"。

3.3.4 河北京津冀再制造产业技术研究有限公司

随着工业化和城镇化进程的加快，经济发展与资源环境的矛盾日益尖锐。因此加快发展高附加值的再制造产业，具有突出的环境和经济效益，是实现绿色发展、节能减排、促进循环经济发展的重要途径。事实上，再制造必须采用先进技术恢复原机的性能，并兼有对原机的技术升级改造，再制造后的产品性能要达到或超过新品。然而，公众和社会对再制造产品的市场认知度并不高，对翻新、再制造之间的界限分辨不清，所以再制造产业发展尽管潜力很大，发展之路却任重道远。

河北京津冀再制造产业技术研究有限公司（研究院）是独立法人机构，位于河间经济开发区国家再制造产业示范基地内。该公司于 2017 年 8 月在河间经济开发区注册成立，2018 年 6 月正式运行，是由原中国人民解放军装甲兵工程学院再制造工程系主任张伟教授组建的一支高水平专业技术团队实施组建，依托"装备再制造技术国防科技重点实验室"与"机械产品再制造国家工程研究中心"两个国家级研究平台的智力、技术和军队资源优势，聘请我国再制造学科的开拓者、中国工程院院士徐滨士教授为研究院荣誉院长，中国工程院院士薛群基教授作为首席科学家。一批长期从事再制造研究的高水平专业工程技术人员组成技术团队，高级职称技术人员占总人数的 50%。京津冀再制造产业技术研究院占地面积 60 亩，建筑面积 6 万余平方米。拥有各类先进的再制造损伤检测与评估、产品性能质量检测、增材再制造工艺等装备 30 余台（套），具备完备的旧件评估、损伤修复、产品性能检测能力。

京津冀再制造产业技术研究有限公司致力于打造国内唯一面向全流程再制造的科技创新服务平台，力争成为再制造产业的技术创新者和价值供应者，主要从事再制造技术研发、再制造产品检测认证、再制造成果孵化转化、再制造咨询以及再制造人才培训等服务工作。

平台建设和资质申请取得实质性进展。该公司加快推动再制造产业在各行业各领域的快速发展，系统搭建各类再制造平台组织，为提升河间市再制造产业地位、扩大河北省再制造产业影响发挥了显著作用。该公司先后获批"国家再制造标准化委员会秘书处""国家高新技术企业""国家科技型中小企业"等国家级平台资质 5 项，"河北省机电产品再制造工程研究中心""河北省院士工作站""河北省产业技术研究院再制造技术研究所"等省级平台资质 7 项，"沧州市智能再制造技术创新中心""沧州市重大创新平台"等市级平台资质 2 项。该公司先后担任"中欧再制造产业技术合作联盟"秘书处、"中英再制造标准工作组"秘书处、"中德再制造标准工作组"秘书处等国际秘书处组织 3 家，作为"中国再制造 50 人论坛"发起单位和秘书处、"中国循环经济协会再制造委员会"秘书处、"中国设备管理协会再制造技术委员会"秘书处、"中国汽车工业协会汽车零部件再制造标准化工作组"秘书处等国内行业协会秘书处 4 家。

科研创新能力建设取得重大突破。近年来，该公司先后获批国家重点研发计划项目、中央引导地方科技发展资金项目、国家发改委和工信部等部委咨询论证项目、军队装备预研基金重点项目、河北省创新能力提升计划项目、河北省人才团队建设项目、沧州市重大创新平台建设项目等各类科研项目 15 项。2020 年，由该公司作为牵头单位、张伟院长担任首席科学家，联合清华大学、浙江大学、山东大学、中国科学院电工研究所、北京工业大学、陆军装甲兵学院、广州机械科学研究院等 10 家著名院校、科研院所申报的国家重点研发计划"废旧智能装备机电一体化再制造升级技术"

项目成功获批，项目总经费 4868 万元，其中国家拨付专项资金 2368 万元。该公司作为国家政府智库咨询专家单位，先后获批国家发改委课题《规范和推广汽车零部件再制造产品政策研究》、国家工信部论证项目《实施高端智能再制造行动计划相关工作支撑》《自贸区推进高端智能再制造相关工作支撑》《再制造电机发展政策研究》等项目 4 项。上述研究工作先后获得中国循环经济协会科技成果一等奖 1 项、三等奖 1 项，中国机械工业科技进步二等奖 1 项，中国标准贡献创新二等奖 1 项，中国煤炭工业协会科技进步一等奖 1 项；累计授权国家发明专利 12 件，获得软件著作权 10 件，发表学术论文 25 篇，出版《中国再制造产业技术发展 2019》等专著 14 部。

再制造标准创新能力处于国际先进水平。该公司作为全国绿色制造技术标准化技术委员会再制造分技术委员会（TC337/SC1）的秘书处单位，是国家标准化管理委员会指定的国内唯一一家与国际标准化组织开展再制造标准业务对接的平台机构。近年来，积极推进与 ISO 国际标准化组织对接，申报再制造国际标准提案；大力推进中英、中德再制造标准国际化合作，积极与英国标准化协会（BSI）、德国标准化协会 DIN 交流，开展标准对比分析与标准互认工作。自该公司建设运营以来，发布国家标准 6 项、团体标准 11 项，立项国家标准 5 项、团体标准 8 项，目前在编国家标准 5 项、团体标准 8 项。

再制造技术服务与检测认证能力取得显著提升。该公司作为全国唯一服务再制造全行业的公共检测服务机构，建立了完善的质量管理体系，先后购置或研发再制造检测评价和再制造工艺技术等仪器设备 100 余台（套），通过商务部"信用中国"信用评级与信用认证，ISO9001 质量管理体系认证、ISO14001 环境管理体系认证、OHSAS18001 职业健康安全管理体系认证、ISO50001 能源管理体系认证，同步开展了检测人员的技术培训，成功申报中国合格评定国家认可委员会（CNAS）和中国计量认证（CMA）等检测资质，已累计为北京、上海、河北、广东、浙江、江苏、山东、四川、河南等省市 20 余家再制造企业开展技术培训和检测咨询服务，为航空发动机、工业动力装备、油田钻采装备、工业电机、工程机械、盾构机等近 10 家再制造企业开展再制造升级和绿色化改造，为提升我国再制造技术水平、保证再制造产品质量发挥了重要作用。

再制造学术交流与人才培训引领全国产业发展。近年来，该公司先后主办、承办各类再制造国际和国内会议 20 余次，组织开展再制造产业技术交流、再制造企业现场诊断与人才培训等活动 100 余次，有力地扩大了该公司的影响力和河间再制造产业示范基地的行业引领与示范效应。该公司先后于 2018 年 3 月在河间主办了"中英绿色制造与再制造产业发展峰会"，2019 年 5 月在英国伦敦主办了"中英绿色制造与再制造论坛"，2019 年 5 月在德国巴登符腾堡主办了"中德先进制造与再制造论坛"等国际会议。主办"2018 全国再制造大会""高端智能再制造产业发展论坛""中国再制造 50 人论坛成立大会""再制造国家标准研讨会"等相关国内会议。同时，该公司为各级干部、再制造企业管理人员和专业技术人员开展人员培训和技术讲座，累计培训人员 2000 余人次。依托多个再制造学会协会秘书处单位，平均每年委派相关人员赴全国各地再制造企业开展再制造人员培训、再制造技术交流等活动 20 余次，年均培训人员 2000 余人次。

显著提升带动地方再制造能力建设。近年来，该公司充分发挥团队在再制造领域的智力和技术资源，结合地方政府和领导高度重视的管理和政策优势，以及沧州、河间当地再制造产业基础和市场潜力需求巨大等优势，积极推动地区再制造企业技术创新、再制造产品检测、再制造人才培养培训，成功打造了国内特色鲜明、行业引领的河间再制造产业模式。

3.3.5 哈工大（张家口）工业技术研究院

2021 年省科技厅公布省级新型研发机构名单，怀来县哈工大（张家口）工业技术研究院以初创型研发机构第一名成绩榜上有名。

该研究院于 2017 年 4 月成立，采取理事会治理结构，实施市场化运作模式，是政府举办，企业、科研院所和高校共同参与，具有独立事业法人资格的开放型现代科研机构。研究院拥有一支知名教授领衔、博士和海外留学人员为基干的高水平科研团队，研究院现有人员 27 人，其中全职人员

16 人、兼职人员 11 人；教授 2 人，副教授 2 人，副研究员 2 人，高级工程师 5 人；国务院特贴人选 1 人，河北省政府特贴人选 1 人，河北省"三三三人才工程"第二层次人选 1 人。

研究院的主要研究方向有：复杂电网环境下电网信息实时监测、故障诊断与定位技术；电力系统光学测量与保护技术；光子保护原理和关键技术的研究；生态抽水蓄能电站关键技术研究；大型风储发电基地关键技术研究；面向风力、光伏发电、储能系统的先进 AC-DC、DC-DC 功率变换技术；智能线路巡检机器人；光学电流与电压传感基础理论与应用研究；基于光传感时域全波形保护基础理论与应用研究。

目前，哈工大（张家口）工业技术研究院是河北省唯一同时具备省学科重点实验室与省级新型研发机构两个省级平台的科研机构。

3.3.6 智慧互通科技股份有限公司

智慧互通科技股份有限公司（以下简称智慧互通 AIPARK）成立于 2015 年，是一家在"城市级智慧停车、智慧交通"领域领先的企业集团，为经受过大规模城市级智慧停车应用及静动交通融合智能落地考验的人工智能高科技企业，是高位视频识别技术及静动交通融合智能技术应用在城市智慧停车与交通秩序管理领域的先行者。旗下品牌有爱泊车、爱通行、超级视线等。企业坐落在河北省张家口空港经济技术开发区一期十号楼。

智慧互通集团设有 AIPARK 人工智能研究院、静态交通技术创新中心、大数据中心等多个创新研发部门，并于 2021 年获准设立省级博士后创新实践基地，获评"2022 年度院士合作重点单位"。自成立以来，智慧互通 AIPARK 一直重视科研投入与人才培养，与国内多家科研院所紧密合作，目前已形成了由一批院士领衔组成的 100 多人的研究院团队及 500 人以上的研发团队，拥有超过 400 余项人工智能、大数据、智能硬件的核心专利技术，相继建立了静态交通技术创新中心、基于计算机视觉的静态交通重点实验室、省级企业技术中心等。

智慧互通 AIPARK 始终专注于将人工智能、大数据、云计算、物联网等前沿技术与智慧交通领域深度融合，集聚"高精尖缺"人才，深入推进人才链与产业链、创新链的深度融合。近年来重磅发布了一系列面向静动交通的智能软硬件新品及相关解决方案，不断延伸创新的边界，秉承让城市更美好的使命，以技术赋能智慧停车、交通管理、交通运输发展建设，提升公众出行体验，为城市高质量发展增添新的动力引擎。其中，由融合智能技术驱动的城市级智慧交通解决方案，现已于北上广深等全国 30 余个大中型城市商用落地，逐步实现了从停车管理到静动交通综合治理，全域、全场景的有效赋能。对于未来的发展方向，有资料表明该公司有意向在 5 个方向引领产业：重新定义技术架构、重新定义产品架构、引领产业节奏、重新定义产业方向和开创产业新格局。该公司未来将进一步加大研发投入，打造人工智能与数据智能生态体系，引领智慧停车、静态交通治理和智慧城市等领域的大发展。

2018 年入选中国城市无人化停车十大创新方案，2018 年入选工信部 2018 年人工智能与实体经济深度融合创新项目名单，2019 年被评为中国智能停车行业十大优秀企业，2019 年被评为河北省级技术创新中心单位企业，2020 年入选工信部"2020 年人工智能优秀产品和应用解决方案"，2020 年荣获第十届吴文俊人工智能科技进步奖，2020 年荣获中国设计红星奖，2022 年 4 月，被授予"2022 年冬奥会、冬残奥会河北省先进集体"称号。

3.3.7 京津冀钢铁联盟（迁安）协同创新研究院有限公司

2016 年 4 月 12 日，京津冀钢铁科技协同创新与绿色发展座谈会暨京津冀钢铁行业节能减排产业技术创新联盟与迁安市对接科技成果签约仪式在北京科技大学举行。京津冀三地科技部门、钢铁联盟理事会有关人员、中国人民银行营管部以及迁安市有关部门等，共同见证了北京鼎鑫钢联科技协同创新研究院和京津冀钢铁联盟（迁安）协同创新研究院的揭牌成立。

为整合京津冀三地钢铁生产企业、节能减排科技服务企业、高校院所和金融机构等全链条资源，搭建"政产学研金用"整合发展平台，加快科技成果在京津冀区域的转化，实现钢铁行业节能减排及产业转型升级，推动区域大气污染治理工作，2015 年京津冀三地科技部门推动成立了京津冀钢铁行业节能减排产业技术创新联盟。京津冀钢铁联盟（迁安）协同创新研究院作为京津冀钢铁联盟的工作支撑平台，重点围绕技术联合创新、成果转移转化、绿色金融服务等开展，以迁安市为重点推进科技成果转化示范区建设。

京津冀钢铁联盟（迁安）协同创新研究院采取企业化运营、市场化运作模式，定位于服务带动钢铁行业提质升级，加快产业转型，加强区域合作，促进京津冀区域协同发展。围绕迁安市钢铁行业节能减排、能源综合利用、产品质量升级、产业链延伸等方面，开展了科技研发、技术转化及产业化、高新技术企业孵化、科技服务等工作。京津冀钢铁联盟（迁安）协同创新研究院成了北京、迁安两地资源对接的桥梁，有利于促进北京市新技术成果在迁安落地转化，推动经济转型发展。

该公司成立后，主要围绕着"服务当地产业、服务当地企业、服务当地政府"来开展，着力打造京津冀科技服务品牌。公司搭平台、建中心，助力迁安产业转型升级持续发展。搭建了由 236 人组成的专家服务平台，引入唐晓龙、仇涛、李晶等科研团队，其中有博士 25 人、硕士 17 人落户迁安，服务迁安产业发展。深入开展企业服务，全力助推企业高质量发展。2019 年起，携专家与迁安市工信局在全省举办"走进企业、服务企业"大型"工业诊所"活动，从技术领域、环保领域、金融领域、政策领域输出服务 120 多项，普惠企业 50 多家。该公司还围绕当地党委政府的中心工作，撰写规划、举办论坛、研发技术，为发展壮大区域经济助力。

3.3.8 鹰领航空高端装备技术秦皇岛有限公司

鹰领航空高端装备技术秦皇岛有限公司（简称：鹰领装备）源于燕山大学，2014 年在秦皇岛经济技术开发区注册组建，注册资本 500 万元。鹰领装备以国防科工委（燕大）国防重点学科实验室和中航工业（燕大）航空科技重点实验室为依托，拥有两大技术创新平台：高端智能装备技术研发平台和高端智能装备技术服务平台；四大产品板块：航空轴承数字化试验装备产品板块、航空型材数字化弯曲成形装备产品板块、特种车辆总装集成数字化装备产品板块和海洋溢油（危化品）应急处置数字化装备产品板块；八种核心产品：航空铝合金型材滚弯成形数字化成套装备、航空钛合金型材三维热拉弯成形数字化成套装备、航空关节轴承装机固定数字化滚铆成套装备、航空关节轴承组件服役性能试验评价装备、特种车辆总装集成数字化成套装备、高端石墨烯材料微波膨化成套装备、海洋溢油（危化品）应急清理数字化成套装备和海洋溢油（危化品）应急清理石墨烯高效吸附材料系列产品。

鹰领装备已通过了国家高新技术企业认证、GJB 质量管理体认证，被批准为河北省军民融合产学研用示范基地、河北新型研发机构建设试点单位、河北省军民融合型企业、河北省高层次创新创业团队；被秦皇岛市批准为秦皇岛市高端智能装备工程技术研究中心、秦皇岛市军民融合产业联盟理事长单位。公司承担国家"04 专项"重大项目 2 项、国家重点研发项目 2 项、河北省重点研发项目 2 项；完成河北省重点研发项目 5 项；拥有技术发明专利 15 项。

鹰领装备与燕山大学、清华大学、北京航空航天大学、沈阳航空航天大学、长春理工大学等高校建立了深度的产学合作关系；鹰领装备与中国一重、中国重型机械研究院、北京机床所、齐二机床集团有限公司和首钢长白机械厂建立了长期的战略合作关系。公司选定一批在高校实验室中积累沉淀多年的科研成果联合攻关，其中飞行器地面试验装备、航空轴承系列试验评价装备、大型风电机组多自由度整机性能测试装备、直升机主尾旋翼试验装备等高端试验装备陆续进入市场。

3.3.9 河北瑞龙生物科技有限公司

河北瑞龙生物科技有限公司成立于 2009 年，是行业内集研发、生产、经营于一体的香精香料及生物制剂公司。近几年，随着公司的快速发展，先后被有关部门认定为"国家高新技术企业""国家科技型中小企业""中国百强诚信企业""河北省科技型中小企业""河北省专精特新示范企业""河北省知识产权优势企业"。瑞龙生物取得的业绩与公司始终坚持"自主创新、重点跨越、支撑发展、引领未来"的方针密不可分。

坚持产学研融合发展，搭建科技创新平台。该公司与大专院校科研单位密切合作，深化合作领域，优化合作方式，形成了产学研高度融合、资源合作共享的良好模式。引进外籍院士，成功建立"外国院士工作站"。与河北省农科院共同筹建了"河北省植物精油产业技术研究院"，并且在合作单位专家支持下，开始筹备建设石家庄市香精香料技术创新中心，以期通过平台的建设，进一步增强科技创新能力，吸引更多的科技人员加盟公司，支撑公司稳步向前发展。

坚持自主研发，科研和成果转化成效显著。该公司致力于生物技术的探索和发掘，并取得了多项具有自主知识产权的科技成果，获授权专利21项，多项专利技术进行了成果转化，并已进入工业化生产；评价科技成果1项，达到国内领先水平。同时，公司主导产品醇化剂系列，通过高新技术的运用，引领了"醇化"技术，打破了靠长时间存放以达到醇化的传统工艺问题，加速了医药、食品、日化等行业有关产品的醇化工艺进程，缩短了醇化时间，降低了生产成本，提高了生产效率，得到了行业内部专家的认可，部分系列产品在涉及行业内部形成了订单式推广使用。

坚持健全人才激励机制，建设一流科技创新团队。该公司健全完善人才创新激励机制，制定了《研发机构管理制度》《科研人员薪酬激励机制》等一系列符合实际的较为完善的技术创新管理制度，充分调动和激发了科研人员的技术创新积极性。每年都有新产品推出，并进行中试转化，产生了显著的经济效益和社会效益。同时，积极落实人才激励政策，引进外籍科技人员多名参与公司团队建设。并通过平台建设，吸引引进省内外高层次专家，成立了专家咨询委员会，充分发挥其学科带头人及人才培养方面的带动作用，形成了一支年富力强、专业多样、技能互补的创新团队。团队成员协同创新，取得了优异成绩，获得了"市级科技创新团队"及"省级产业创新团队"荣誉称号。

创新是企业的引擎器，创新为瑞龙的发展插上了腾飞的翅膀。

3.3.10 河北新林坡孵化器股份有限公司

河北新林坡创业孵化器有限公司成立于 2004 年，是一家集创业资讯服务、商务服务、会务服务、模具制造、注塑加工、工业研发等为一体的综合性国家级科技型中小企业。园区建筑面积 16800 平方米，在孵企业超过 100 家，年服务企业 500 余家次以上。公司先后被评为"省级科技企业孵化器""河北省小型微型企业创业创新示范平台""河北省中小企业公共服务示范平台""河北省创业就业孵化平台""河北省设计研发中心（C）级""省级量化融合先进企业""省级电商示范园区"等。2020 年 1 月 15 日，河北新林坡孵化器股份有限公司在石家庄股权交易所正式挂牌。

该公司依托知名服务机构专家和高校教授，集成优质资源组成咨询团队，为企业提供优质、高效服务，以创新为手段，持续推进公司延伸技术的开发。

第4章　河北新型研发机构现行政策梳理

从 2017 年河北省人民政府办公厅发布《加快推进科技创新的若干措施》起，在贯彻执行国家关于推进新型研发机构发展政策的前提下，中共河北省委与河北省人民政府、河北省人民政府办公厅、河北省科学技术厅、各市（含定州市和辛集市，下同）人民政府出台了一系列关于推进新型研发机构的规范性文件，构成了比较完整的政策体系。本章从政策层级体系和政策过程两种视角梳理河北新型研发机构系列政策。

4.1 政策层级体系

从政策制定主体视角分析，河北新型研发机构系列政策的制定主体有中共河北省委与河北省人民政府、河北省科学技术厅、各市人民政府。在这个政策制定主体体系中，中共河北省委与河北省人民政府居于政治领导地位，主要承担新型研发机构系列政策的顶层设计功能。而省科技厅承担新型研发机构系列政策的规划草案设计、具体操作性方案制定与执行、政策评估、政策监督等功能，地位非常重要。各市人民政府一方面执行省委省政府的决策，另一方面承担制定和执行本地新型研发机构政策功能。除此之外，河北省部分功能区（经济开发区、高新区等）和县级人民政府也制定了本地的新型研发机构政策，但限于篇幅，本书没有将功能区和县级人民政府的政策列入研究范围。

各级各类主体制定政策参见表 4-1：

表 4-1　河北新型研发机构系列政策纵向层级体系

政策制定主体	文件名称	制定时间	涉及新型研发机构内容（要点）
中共河北省委与河北省人民政府	中共河北省委河北省人民政府关于深化科技改革创新推动高质量发展的意见	20190106	培育发展新型研发机构。鼓励建设投资主体多元化、管理制度现代化、运行机制市场化的独立法人新型研发机构，支持开展产业共性关键技术研发、科技成果转化、技术服务、企业孵化等创新创业服务。省级新型研发机构试点单位在申报政府科技项目、财政资助、政府采购等方面给予扶持，享受相关科技成果转化、税收优惠等政策。
河北省人民政府	河北省科技创新三年行动计划（2018—2020 年）	20180303	发展新型研发机构。以市场化为导向、以产业需求为目标，以企业化运作、公益性与经营性相结合的模式，重点在雄安新区以及省级以上高新区、开发区、农业科技园区等，新建一批新型研发机构；围绕产业转型升级，引导省内企业、高等学校和科研院所与京津共建或自建一批新型研发机构；围绕行业发展，鼓励转制科研院所、技术开发类科研机构、科技类社会服务机构等，改造提升一批新型研发机构。到 2020 年，省级重点支持打造 100 家以上新型研发机构。
河北省人民政府办公厅	加快推进科技创新的若干措施	20170930	鼓励各地探索建立形式多样、机制灵活的新型研发机构发展模式，积极培育研发、孵化和服务业绩突出的新型研发机构，增强其独立运作的实体地位。支持公益类科研院所开发潜力、释放活力，强化专业特色和服务优势；鼓励转制科研机构通过引入多元化投资、采用现代化管理、实施市场化运营，转型升级为新型研发组织。扶持新型研发机构发展壮大，在科研设备进口、人才引进、项目申报、财政资助、政府采购等方面加大支持力度。
河北省科学技术厅	河北省科学技术厅关于申报河北省新型研发机构试点的通知	20180314	1. 新型研发机构的定义； 2. 申报省级新型研发机构试点建设单位的条件； 3. 申报程序。
	河北省科学技术厅关于开展省级新型研发机构建设试点工作的通知	20180418	公布首批省级新型研发机构试点建设单位名单和省级新型研发机构试点培育单位名单。
	河北省科学技术厅关于新增省级新型研发机构建设试点的通知	20181120	公布新增 4 家省级新型研发机构建设试点。

（续表）

政策制定主体	文件名称	制定时间	涉及新型研发机构内容（要点）
河北省科学技术厅	河北省科学技术厅关于申报新型研发机构试点培育项目的通知	20190819	1. 新型研发机构的定义； 2. 发展新型研发机构的目标； 3. 申报省级新型研发机构试点培育单位的条件； 4. 申报程序。
	河北省科学技术厅关于新型研发机构建设专项拟立项支持试点培育项目的公示	20191014	公布 50 项新型研发机构建设专项项目拟立项支持试点培育名单。
	河北省科学技术厅关于开展第三批新型研发机构建设试点培育工作的通知	20191014	公布第三批新型研发机构试点培育单位名单。
	河北省新型研发机构建设工作指引	20191211	1. 发展新型研发机构的重要意义； 2. 新型研发机构的功能定位和特征特点； 3. 确认新型研发机构试点单位的基本条件； 4. 新型研发机构管理体制和工作机制； 5. 新型研发机构的建设和运行； 6. 新型研发机构的支持政策和保障措施。
	河北省科学技术厅关于填报2020年科技研发平台和新型研发机构建设专项项目申报书的通知	20200424	1. 公布省部共建国家重点实验室专项支持经费项目 3 项； 2. 公布2019年省级研发平台绩效评估取得优秀、良好、合格档次的省级重点实验室、技术创新中心（工程技术研究中心）、产业技术研究院绩效后补助经费项目172项，其中新型研发机构 3 项。
	河北省科学技术厅关于开展第四批新型研发机构建设试点培育工作的通知	20200521	公布 50 家第四批新型研发机构建设试点培育单位名单。
	河北省新型研发机构管理办法	20211112	建设和发展新型研发机构的指导思想、申报条件与程序、支持措施、动态管理等。

（续表）

政策制定主体		文件名称	制定时间	涉及新型研发机构内容（要点）
市级人民政府	石家庄市人民政府办公室	石家庄市科技创新三年行动计划（2018—2020年）	20180428	发展新型研发机构。以市场化为导向、以产业需求为目标，以企业化运作、公益性与经营性相结合的模式，重点在省级以上高新区、开发区、农业科技园区等，新建一批新型研发机构；围绕产业转型升级，引导市内企业、高等学校和科研院所与京津共建或自建一批新型研发机构；围绕行业发展，鼓励转制科研院所、技术开发类科研机构、科技类社会服务机构等，改造提升一批新型研发机构。到2020年，石家庄市重点支持打造15家以上新型研发机构。 加大科技投入，加强新型研发机构培育。
	保定市人民政府办公室	保定市科技创新三年行动计划（2018—2020年）	2018	培育新型研发机构。以新能源及新能源汽车、高端装备制造、新一代信息技术、新材料等新兴产业发展为导向，以科技创新为支撑，鼓励支持有条件的企业在保定国家高新区、涿州国家农业科技园区等地建设新型研发机构；围绕产业转型升级、行业发展，引导企业、高校院所与京津共建或自建一批新型研发机构。到2020年，保定市重点支持打造10家以上新型研发机构。
	秦皇岛市人民政府办公室	秦皇岛市科技创新三年行动计划（2018—2020年）	20180530	发展新型研发机构。以市场化为导向、以产业需求为目标，以企业化运作、公益性与经营性相结合的模式，围绕产业转型升级和行业发展，鼓励转制科研院所、技术开发类科研机构、科技类社会服务机构等，建设一批新型研发机构。到2020年，支持打造省级新型研发机构1～2家。 加大科技投入，加强新型研发机构培育。
	沧州市人民政府	沧州市科技创新三年行动计划（2018—2020年）	20180705	借鉴外地经验，建设以市场化为导向，以产业需求为目标，以企业化运作、公益性与经营性相结合的新型研发机构。到2020年，建设新型研发机构10家。
	廊坊市人民政府	廊坊市科技创新三年行动计划（2018—2020年）	20180606	大力发展新型研发机构，围绕产业转型升级，采取政府引导的方式，支持域内企业、高等学校、科研院所与京津共建或自建一批新型研发机构。到2020年，重点支持打造20家以上新型研发机构。 强化科技投入，加强新型研发机构培育。

（续表）

政策制定主体		文件名称	制定时间	涉及新型研发机构内容（要点）
市级人民政府	承德市人民政府	承德市科技创新三年行动计划工作方案（2018—2020年）	20180426	积极发展新型研发机构。围绕产业转型升级，以市场化为导向、以产业需求为目标，以企业化运作、公益性与经营性相结合的模式，重点在承德国家高新区、国家级农业科技园区和省级以上开发区，引导企业、高等学校和科研院所与京津共建或自建一批新型研发机构。到2020年，建设新型研发机构10家以上。 加大科技投入，加强新型研发机构培育。
	邢台市人民政府	邢台市科技创新三年行动计划工作方案（2018—2020年）	20180612	支持建设新型研发机构。围绕我市主导产业和重点行业创新发展，积极探索建立形式多样、机制灵活的新型研发机构发展模式，积极培育研发、孵化和服务业绩突出的新型研发机构，2018年，重点支持沙河玻璃产业技术研究院、河北煤炭科学研究院等科研院所转型升级，争取列入河北省新型研发机构建设试点。扶持新型研发机构发展壮大，在科研设备进口、人才引进、项目申报、财政资助、政府采购等方面加大支持力度。到2020年，建成5家以上新型研发机构。 加大科技投入，加强新型研发机构培育。
	邯郸市人民政府	邯郸市科技创新三年行动计划（2018—2020年）	20180604	创新平台建设显著提升。新型研发机构和产业技术研究院达到10家。 以市场化为导向、以产业需求为目标，以企业化运作、公益性与经营性相结合的模式，围绕产业转型升级，引导企业、高等学校和科研院所与京津共建或自建新型研发机构。 建立财政科技资金快速增长机制，加强新型研发机构培育。
	衡水市人民政府	衡水市科技创新五年行动计划（2018—2022年）	20180509	深化企业与科研院所的深度融合，推进企业与科研院所以市场化为导向、以产业需求为目标，以企业化运作、公益性与经营性相结合的模式，新建一批新型研发机构。
	辛集市人民政府	辛集市科技创新三年行动计划（2018—2020年）	20180713	实施创新平台速增计划。重点建设3家新型研发机构。

4.2 政策过程与政策工具

本书结合新型研发机构的生长周期，将新型研发机构政策过程划分为促进机制、申报机制、助力机制、综合评议机制和退出机制，以政策过程为轴线，分析河北新型研发机构政策中各类政策工具。

4.2.1 新型研发机构的促进机制

新型研发机构的促进机制，是指营造新型研发机构的成长环境，发现并促使具备新型研发机构潜质的"准新型研发机构"成长为新型研发机构的政策机制。具体政策工具如下：

4.2.1.1 营造政策环境

在营造河北新型研发机构成长环境方面，河北省委省政府、省科技厅、各市人民政府先后出台了一系列政策，并通过各种媒体向社会大力宣传，使全省对新型研发机构的概念、功能、特征等有基本了解，特别是认识到在河北省发展新型研发机构的必要性。这些政策措施为河北省建设和发展新型研发机构营造了良好的环境，奠定了坚实的基础。

4.2.1.2 发现"准新型研发机构"

河北省高校和科研院所众多，具有较强研发能力。经过前期的科技体制改革，一定数量科研机构逐渐走向市场化；另外，一些大中型企业也兴办了一定数量的研发机构。可以说，相当一定数量研发机构已经具备新型研发机构的部分特征。在此基础上，河北省科技厅和各市科技局经过广泛调研，初步发现了一定数量"准新型研发机构"，为后来新型研发机构的选拔创造了条件。

4.2.1.3 促进"准新型研发机构"成长

在发现"准新型研发机构"的基础上，河北省科技厅和各市人民政府通过人才、资金、土地等方面政策，引导"准新型研发机构"走向规范化。

4.2.2 新型研发机构试点单位的申报机制

新型研发机构的申报机制是指将具备新型研发机构潜质的"准新型研发机构"确认为新型研发机构试点单位的政策机制。本书从申报条件和申报程序两方面概括河北新型研发机构试点单位的申报机制。

4.2.2.1 申报条件

根据河北省科技厅制定的系列文件规定，河北新型研发机构试点单位的申报条件如下：

（1）具有独立法人资格。在河北省行政区域内注册登记成立，具有企业、非财政供养事业单位或科技类民办非企业单位独立法人资格，主要办公和科研场所在河北省境内，主要服务河北省的企业和产业，注册后运营1年以上。

（2）体制机制新型。具有区别于传统国有独立科研机构的新型管理体制、市场化的运作机制、科学的创新组织模式、灵活的用人机制及薪酬制度、高效的成果转化机制、规范的机构章程和健全的内部管理制度。

（3）科研开发为主营业务。主要开展基础研究、应用基础研究、产业共性关键技术研发以及与之密切相关的科技成果转移转化和技术服务业务。主营业务收入主要来自科技创新活动，技术开发、技术转让、技术服务、技术咨询、政府购买技术性服务收入和技术股权投资收益占到年收入总额的60%以上，来自企业的委托研发经费占总研发经费的比例不低于50%。

（4）具有稳定的创新资源依托和科研成果来源。依托国内高等学校、科研院所、龙头企业、国家级或省级科技研发平台等创新资源，或与境外高校、院所、跨国公司等合作，技术成果具有产业化基础和市场化前景。

（5）具有结构合理、相对稳定、研发能力强的人才团队。人才团队拥有创新能力和核心技术，研发人员占全部员工总数的比例不低于30%，且不少于10人。创办领办的科技人员入股持股并占有主导地位。

（6）拥有开展研发、试验、服务等所必需的设施条件和装备条件。办公和科研场所面积不少于 300 平方米，用于研究开发的仪器设备原值不低于 300 万元。

（7）具有相对稳定的收入来源和研发经费投入。出资方投入，技术开发、技术转让、技术咨询、技术服务收入，技术股权收益，政府购买技术服务收入以及承担政府科研项目获得的经费等，能够保障机构的建设发展需要，年度研究开发经费支出额占年收入总额的比例不低于 30%。

（8）在科研开发和转化孵化方面特色明显、初具成效。有吸纳人才和成果的能力，转化成果、孵化培育科技型企业的经验，开展科研创新和服务企业的实际工作业绩。

（9）近两年未出现违法违规行为或严重失信行为。

（10）主要从事生产制造、教学培训、园区管理等活动，以及单纯从事检验检测活动的单位原则上不予受理。

4.2.2.2 申报程序

根据河北省科技厅制定的系列文件规定，河北新型研发机构试点单位申报程序如下：

（1）单位申报。由自评认定符合河北新型研发机构选拔条件的研发组织主动通过河北省科技厅项目管理系统网上申报。

（2）初审推荐。各市和雄安新区科技行政管理部门作为归口管理单位，对申请单位的基本条件和材料的完整性与规范性进行审核，必要时进行现场考察，确定各归口管理部门审核推荐的项目，通过"河北省科技计划项目综合服务平台"提交省科技厅。

（3）审查评审。省科技厅组织专家对申报项目进行审查和评审，根据专家组审查及评审建议，择优提出拟立项支持的新型研发机构试点培育项目，报厅党组会研究审议。

（4）结果公示。根据厅党组会审议意见，省科技厅对拟立项支持的新型研发机构试点培育项目进行公示。

4.2.3 新型研发机构的助力机制

新型研发机构的助力机制是指促进新型研发机构试点单位发展壮大的政策机制，包括财税政策支持、人才政策、成果转化、用地支持等。

4.2.3.1 财税政策

河北省对新型研发机构的财政资助主要有两类：一类是专门针对新型研发机构，对入选试点培育的新型研发机构给予不超过 50 万元的经费资助。另一类是将新型研发机构与各类省级科技研发平台一并进行资助，根据绩效评估结果，优秀等级资助 100 万元，良好等级资助 80 万元，合格等级资助 60 万元。

河北省对新型研发机构的税收优惠政策主要有：符合条件的科技类民办非企业性质的新型研发机构，按规定享受相关的税收优惠政策；企业类新型研发机构，按规定享受相应税收优惠；符合条件的新型研发机构进口科研用仪器设备免征进口关税和进口环节增值税、消费税。未能享受以上税收优惠的，市县及功能区可根据新型研发机构上年度进口科研用仪器设备金额给予一定比例的补助经费支持。全面落实科技成果转化收益分配有关法规政策，落实技术入股和股权激励相关税收政策。

4.2.3.2 人才政策

推进人才团队市场化。建立开放的引人用人机制，持续引进海内外高端人才及团队，持续培养高水平创新创业人才。科研开发领军人才领衔新型研发机构的建设和发展，技术人员领军成果转化和企业孵化。

鼓励创新创业团队人员现金入股并控股，支持高校、科研院所以技术成果和相关知识产权投资入股，选择技术成熟、产业化前景良好的项目，以团队、技术、资金、资产捆绑的形式进行组建。

符合条件的新型研发机构，可以申报国家和省市科技计划项目、科技创新基地、人才计划和科学技术奖励。可以组织和参加职称评审，新型研发机构科技人员参与职称评审与岗位考核时，发明专利及转化应用情况可折算论文指标，技术转让成交额可折算纵向指标。

鼓励新型研发机构参与国际科技和人才交流合作，建设国际合作基地、引才引智示范基地，开发利用国外人才资源，联合境外知名大学、科研机构、跨国公司等开展研发，设立研发、服务等机构。

4.2.3.3 成果转化

按照国家和本省促进科技成果转化的法规政策，通过股权出售、股权奖励、股票期权、项目收益分红、岗位分红等方式，奖励科技人员开展科研开发和科技成果转化。

本省高校、科研院所等事业单位科研人员离岗在冀创办新型研发机构或到企业开展科技成果转化，5年内保留人事关系，原单位代缴社会保险和住房公积金，档案工资和专业技术职务正常晋升。期满后重返原单位工作的，工龄连续计算，按最新专业技术职务参加岗位聘用。高校、科研院所科技人员到企业兼职，可按规定领取相应报酬或奖励。

4.2.3.4 用地支持

新型研发机构的科研设施建设项目依法优先安排建设用地，省市县有关部门优先审批。引进省内、北京、天津及省外、海外创新创业团队落户本地创办新型研发机构，并在项目落地落户方面给予用地保障。

4.2.4 新型研发机构的综合评议机制

新型研发机构的综合评议机制是指省科技厅对新型研发机构运行绩效进行评估的政策机制。在现代组织管理过程中，绩效评估机制是一个重要环节，包含评议主体、评议客体、评议指标、评议方法、评议结果的公示和评议结果的应用几方面内容。

4.2.4.1 评议主体与评议客体

在河北新型研发机构绩效评议过程中，实行科技行政管理部门评议与新型研发机构自评相结合的方式。因此，科技行政管理部门（主要是省科技厅）是重要的评议主体，而新型研发机构既是评议客体，同时也是评议主体之一。

4.2.4.2 综合评议指标体系

在综合评议过程中，评议指标体系占据重要地位。评议指标体系的科学性和合理性直接决定评议结果的科学性和合理性。同时，综合评议指标体系本身也是引导组织发展和建设的标杆。

目前河北新型研发机构综合评议指标体系尚处于初创阶段，采用省科技厅建议指标和新型研发机构自选指标相结合的方式。目前指标体系分为"产出指标"和"效果指标"（参见表4-2）两部分。

（1）产出指标。产出指标必选项为两项：一是申请知识产权情况。该指标考察具体类型知识产权名称件数。绩效指标评价标准：优大于等于6、良大于等于4、中大于等于2、差小于1。二是技术服务情况。该指标主要考察"四技"服务次数。绩效指标评价标准：优大于等于3、良大于等于2、中大于等于1、差为0。在此两项必填指标的基础上，新型研发机构绩效可以结合实际情况增加填写其他产出指标。

（2）效果指标。效果指标必选项为一项，主要考察服务对象满意度。效果指标评价标准：优为满意、良为较满意、中为一般满意、差为不满意。在此一项必填指标的基础上，新型研发机构绩效可以结合实际情况增加填写其他效果指标。

4.2.4.3 评议方法

目前河北新型研发机构综合评议实行科技行政管理部门评议与新型研发机构自评相结合的方式。由新型研发机构提交自评报告和佐证材料，省科技厅根据新型研发机构提交的自评报告和佐证材料，并参照其他渠道获取信息，对新型研发机构运营绩效加以评议。

评议方法方面，采用定性和定量相结合的方式，既注重客观数据，也注重主观满意度。

目前河北新型研发机构绩效综合评议结果采用等级制，分为"优秀""良好""合格"和"不合格"4个等级。

4.2.4.4 评议结果的公示

目前新型研发机构绩效评议结果主要通过省科技厅官网（https://kjt.

hebei.gov.cn）进行公示。

表 4-2   河北新型研发机构绩效综合评议表（省级预算项目绩效评价表）

项目编码				项目名称			
项目实施计划							
资金支出计划/%	第一季度		第二季度		第三季度		第四季度
绩效目标							
绩效指标分类	绩效指标	绩效指标描述	绩效指标评价标准				评价标准确定依据
			优	良	中	差	
产出指标							
效果指标							

4.2.4.5 评议结果的应用

绩效综合评议结果的应用是依照绩效综合评议结果，对新型研发机构实施激励、资助、退出等管理行为。评议结果的应用是组织管理的重要内容之一。通过这个环节将绩效评议结果与激励等管理行为相挂钩，对优秀者加以奖励，对不合格者加以惩戒，将绩效综合评议结果落到实处，以此来实现有效激励。

4.2.5 新型研发机构的退出机制

新型研发机构的退出机制是指依照绩效综合评议结果，对不再符合新型研发机构标准的研发机构撤销新型研发机构试点单位资格。河北省对新型研发机构坚持"谁举办、谁负责，谁设立、谁撤销"的原则。目前省科技厅既是新型研发机构的认定者，也是不合格新型研发机构的撤销者。

第5章　河北新型研发机构政策效果评价

　　河北新型研发机构系列政策从 2018 年启动，相继制定出台了《加快推进科技创新的若干措施》《中共河北省委 河北省人民政府关于深化科技改革创新推动高质量发展的意见》《河北省科技创新三年行动计划（2018—2020 年）》等文件，在政策执行的过程中需要及时总结经验，找出不足，以期改进，从而保证政策执行的效果。

5.1　政策效果评价的标准

　　政策效果评价的标准在开展政策效果评价过程中占据重要地位。本着简化、集中的原则，本书以政策目标的达成度作为河北新型研发机构政策效果评价的主要标准。

　　从河北新型研发机构系列政策文件可知，河北新型研发机构政策目标在于：到 2020 年，河北省打造 110 家以上新型研发机构，以此推进科技成果研发和转化、科技企业孵化和创新型人才培育。

5.2　取得的成效

　　对照河北新型研发机构发展状况与河北新型研发机构政策目标，可以判定目前河北新型研发机构政策取得了显著效果，总体上是成功的。具体

体现在以下几方面:

5.2.1 新型研发机构数量增加

河北新型研发机构起步相对晚,但从 2018 年启动新型研发机构建设以来,发展速度很快。截止到 2021 年,共培育省级新型研发机构试点单位 110 家,超额完成河北省科技创新三年行动计划任务目标。

5.2.2 新型研发机构地域和行业分布广

从地域分布来看,110 家新型研发机构试点单位广泛分布于省内各市,并且部分县(县级市)也培育了一定数量的新型研发机构,实现了省内全覆盖。

从行业分布来看,新型研发机构广泛分布于生物、医药、钢铁、建材、机械、电子、化工、环保、信息、农业等领域。

5.2.3 培育出一定数量高水平新型研发机构试点单位

经过 3 年的培育,一定数量的研发机构试点单位崭露头角。在 2019 年省级研发平台绩效评估中,河北睿索固废工程技术研究院有限公司、河北省沙河玻璃技术研究院等新型研究机构被评为合格,秦皇岛玻璃工业研究设计院有限公司被评为良好,获得省科技厅进一步资助项目。

5.2.4 初步实现"外引内培"格局

在河北新型研发机构培育过程中,一方面立足开发省内资源,依托省内高校、科研院所和企业建设新型研发机构,另一方面借助京津冀协同发展,与北京、天津的高校、科研院所和企业等社会组织开展合作,在河北省内共同建设新型研发机构,初步实现"外引内培"格局。

第6章　河北新型研发机构发展中
亟待破解的难点问题

　　在肯定河北新型研发机构政策取得显著效果的同时，也要看到在当前的政策环境和新型研发机构发展现状下，河北新型研发机构的成长速度、发展趋势尚未完全达到预期。新型研发机构在前瞻性、基础性、原创性研发方面的成果还不突出，尚未产出众多创新成果；在融通河北产业链、创新链，释放创新潜力、资本活力、增长动力等方面，还没有发挥重要的带动作用；在吸引人才、培育人才，助力人才快速成长产出大项目大成果等方面，还没有发挥预期的平台效应；在聚焦关键行业关键领域，解决京津冀区域"卡脖子"难题等方面，还没有显现显著的体制机制优势等。此类问题一方面是由区域政策环境导致的，一方面是由新型研发机构自身发展导致的，同时还与地区资本活跃度有较大关系。总体来看，目前制约河北新型研发机构发展的痛点难点问题大体存在于政策、资金、机制等方面。

6.1　政策设计不够完整配套

6.1.1　国家新型研发机构支持措施尚未形成国家体系

　　目前，我国对市场化新型研发机构实施政府支持和引导的政策措施还尚未形成体系，这在一定程度上也影响了河北新型研发机构的发展。一方面，当前我国对新型研发组织尚未出台普遍性系统性的支持政策。国内若干省市出台了不少鼓励性政策，但大多属于短期性和区域性政策，在国家层面上，缺乏以不同方式开展科研活动、建立各种类型研发机构的相关支持政策，如税收优惠、职称评定、国家项目申请、人才引进等政策。政策的普适性与可持续性存在不确定性。由于受到我国研发投入旧模式的束缚，中小企业难有耐心长期培育和开发创新产品，具有良好技术和理论知识的科技人员得不到持续的支持，没有足够的创新动力。政府研发投资大多集中在类似于航天技术等领域，一般性民用领域研发投入持久性较差。从某种程度上判断，企业、科研机构和政府通常难以形成以科技创新为核心的有机体，创新链往往难以转化为产业链。另一方面，新型研发机构难以享受国家相关税收优惠及其他相关政策，且在引进人才的医保、社保、住房、子女上学、职称评定、项目申报等方面，也由于与政策衔接不畅而难以有效解决。

6.1.2 地方政策设计特色不鲜明、配套不完善

在河北省建设和发展新型研发机构过程中需要多方面主体的参与。省科技厅承担新型研发机构系列政策的规划草案设计、具体操作性方案制订与执行、政策评估、政策监督等重要功能。各市人民政府一方面执行省委省政府的决策，另一方面承担制定和执行本地新型研发机构政策功能。各市县科技局承担本地新型研发机构选拔、培育等功能。高校、科研院所、企业等社会组织是新型研发机构的具体建设者。

从目前河北省新型研发机构发展现状来看，虽然新型研发机构地域与行业分布都比较广，但与各市经济、社会、科技、教育发展水平并不完全相符合，并且存在发展不均衡的问题。其背后原因，一定程度上在于各地给予新型研发机构的政策同质化明显，各地市尚未能结合环境优势、产业特色、经济状况等因素因地制宜、综合施策，导致在政策层面，各地难以形成错位发展和差异化的政策生态，造成同类竞争、资源

浪费，也不利于充分调动各类适合主体参与新型研发机构建设的积极性。例如，唐山市作为省内经济总量排在前列的地级市，市内有多家大型企业，但唐山市仅建设新型研发机构4家，与其实力并不匹配。又如，保定市经济总量也比较大，且市内有河北大学等重点高校，但目前也仅建设新型研发机构4家。再如，秦皇岛市内有燕山大学、东北大学秦皇岛分校等重点高校，但并未有效参与新型研发机构建设，事实上影响了新型研发机构的建设和发展。

此外，河北各地新型研发机构相关配套政策还不完善。制定公共政策是一项系统工程，每一项公共政策都是一项相对独立的公共产品，同时也是整个政府公共决策的一个组成部分。对于河北省新型研发机构系列政策而言，一方面具有相对独立性，另一方面要考虑与其他政策相互配合。从政策客体的组织形态视角来看，新型研发机构系列政策是科技创新政策的一部分，出台建设和发展新型研发机构政策要与发展科技型企业、激励传统研发机构等政策配合进行。从研发活动过程来看，研发新的科技成果后，要有一系列社会组织来参与科技成果的生产、营销、售后等服务。目前来看，河北省新型研发机构政策与其他方面政策配合尚有一定欠缺。

6.1.3 政策措施执行不顺畅、存在落地难现象

目前，河北省委省政府、河北省科学技术厅、各市人民政府出台了一系列关于推进新型研发机构的规范性文件，内容涉及资金使用、办公场所、人才政策、奖补政策、财税政策等多方面，但从政策措施执行效果来看，还存在落地难现象。如何破除政策落实"中梗阻"，打通政策落地"最后一公里"，真正贯彻"放管服"改革要求，让好政策发挥好作用，把惠企政策转化为促进新型研发机构发展的助推剂，让新型研发机构由"好苗"长成"大树"，乃至"育树成林"，让高精尖产业、高水平人才在河北留住、用好、发挥作用，需引起高度关注。

6.2 资金奖补缺乏竞争优势

6.2.1 **资金性奖补差异较小，激励效果有限**

河北省对新型研发机构的财政资助主要有两类：一类是专门针对新型研发机构，对入选新型研发机构试点单位的研发机构给予不超过 50 万元的经费资助。另一类是将新型研发机构与各类省级科技研发平台一并进行资助，根据绩效评估结果，优秀等级资助 100 万元，良好等级资助 80 万元，合格等级资助 60 万元。三个等级之间的资助差额仅 20 万元，对于创新性企业而言，20 万元的奖励差额很难起到足够的激励效果。

此外，相比于其他激励措施而言，河北省级和市级各类文件都只有比较宏观的表述，缺乏具体可操作性的规定，激励效果也有限。

6.2.2 **资金性奖补总量小，比较优势弱**

相对于经济发达地区的激励力度，河北省针对新型研发机构的财政资助额度明显偏小，在京津冀乃至全国范围内争取优质科研资源、人才资源的竞争力、吸引力严重受限，具体情况参见表 6-1。

表 6-1 河北省与若干省（直辖市）新型研发机构资助政策比较

省（直辖市）	新型研发机构资助政策
河北省	入选试点培育的新型研发机构给予不超过 50 万元的经费资助。 根据绩效评估结果，优秀等级资助 100 万元，良好等级资助 80 万元，合格等级资助 60 万元。
天津市	根据考核结果择优给予财政资金奖励，每家每年奖励额度最高不超过 1000 万元，特殊情况（特别优秀的）可突破奖励补贴上限。 对投资研究院衍生项目，且在天津市注册企业的天使类投资，发生投资损失的，给予不超过损失额 50%的补偿，单个企业项目投资损失最高补偿 300 万元。
上海市	通过第三方绩效评价，对经认定符合条件的科技类社会组织和研发服务类企业等新型研发机构给予研发后补助，支持新型研发机构开展研发创新活动，对上年度非财政经费支持的研发经费支出额度给予不超过 30%的补助，单个机构补助不超过 300 万元。

（续表）

省（直辖市）	新型研发机构资助政策
广东省	广东省科学技术厅每年安排1.5亿元的专项资金，对于初始投入超过5000万元（含5000万元）的新型研发机构，择优给予一次性500万元的建设经费支持；对于初始投入低于5000万元的新型研发机构，择优给予一次性300万元的建设经费支持。 支持新型研发机构开展研发创新活动，对上年度非财政经费支持的研发经费支出额度给予不超过20%的补助，单个机构补助不超过1000万元。 支持新型研发机构购买科研仪器设备，对上一年度新型研发机构新购置的单价万元以上的科研仪器、设备、软件原值超出500万元的部分给予20%的补贴，单个机构支持额度不超过300万元。 支持新型研发机构创办企业，对新型研发机构每孵化成一家高新技术企业给予100万元补助。
江苏省	江苏省政府科技创新"四十条政策"第三十五条指出，鼓励知名科学家、海外高层次人才创新创业团队，国际著名科研机构和高等院校、国家重点科研院所和高等院校在苏发起设立专业性、公益性、开放性的新型研发机构，最高可给予1亿元的财政支持。 科技创新"四十条政策"第二十六条指出，支持新型研发机构开展研发创新活动，具备独立法人条件的，对其上年度非财政经费支持的研发经费支出额度给予不超过20%的奖励（单个机构奖励不超过1000万元）。
福建省	《关于鼓励社会资本建设和发展新型研发机构若干措施的通知》明确，省和设区市财政对初创期新型研发机构每年度按非财政资金购入科研仪器、设备和软件购置经费25%的比例，给予最高不超过500万元的后补助。对于评价命名时已过初创期的新型研发机构，按照竞争择优原则，省和设区市财政对发展效益较好的研发机构，按近5年非财政资金购入科研仪器、设备和软件购置经费25%的比例，一次性给予最高不超过1000万元的后补助。
陕西省	《陕西省科技厅支持校企合作共建新型研发平台工作指引》明确，支持企业依托高校优势学科在校园建立新型研发平台，对经认定的研发平台按20%比例，给予最高不超过2000万元经费支持。

6.3 创新机制缺少市场参与

尽管河北新型研发机构正处于初期的快速发展阶段，但对新型研发机构的宏观管理仍缺乏高效的统筹协调，政府与市场、新型研发机构与市场之间的关系尚未完全理顺，市场在新型研发机构发展过程中的导向作用、市场资金的助推甚至是主导作用没有得到充分发挥，科研项目产业化引导、科技成果评价考核等方面还需进一步完善。

6.3.1 研发成果与市场匹配度还有待于提升

随着河北新型研发机构的数量逐年增长，新型研发机构的研发投入产出比并不乐观，科技创新有"局部化倾向"之虞。比如，有些传统科研单位虽然建立了新型研发机构，但科研体制与科研实践严重脱节，资源在分散的结构中耗散，导致不少科学家与研究团队，只是形而上在为评职称工作，许多研究成果成为论文后，即束之高阁。少数单位虽设立研发机构，但未能精准与市场有效对接，研发投入与市场需求严重偏离，研发投入产出效率低。极少数有研究成果的，市场认可度不够，产业化、规模化少。

6.3.2 资本市场参与企业孵化少

科学发现具有很强的正外部性，其产出具有"公共产品"特质，因而需要财政资金投入或其他市场资金支持。由于政府资金支持和引导方式比较单一，容易导致新型研发机构受制于政府资金管理的有关规定，束缚了其灵活的体制机制，不利于新型研发机构的持续健康发展。此外，财政资金投入退出体制机制存在重大缺陷，严重影响了财政资金的使用效益等深层次问题。特别是一些高精尖研究如生物医药领域、航空航天领域等耗资巨大的科学发现项目，需要市场基金大量、可持续的资助。

从资本市场运营来看，河北金融体系发展仍需进一步完善。新型研发机构有明确的产业化导向，其研发和创新过程需要大量资金支持，尤其是后期的产业化阶段，资金需求量更大，迫切需要金融资本的介入和支持。当前，河北在产业基金方面有一定体量，也积累了一些成熟的做法，但在风险投资、培育孵化企业方面整体仍显不足。

6.4 管理体制依然保守僵化

目前河北现行科技管理体制及相关政策体系虽经多年改革有所改进和完善，但仍不能完全适应市场经济灵活多变的需求和创新型国家建设的需要，亟待改革和完善。科技管理体制机制的全国大环境影响到河北新型研发机构的发展。

由于我国对新型研发机构立法滞后，其定义和标准尚未形成统一的认识。在定义和标准不明晰的情况下，政府对新型研发机构的管理容易出现混乱。由于定位模糊的问题，支持政策也就难以明确。目前，我国新型研发机构大体上有两大类：体制内新型研发机构，拥有较多资源，但是受到严格的行政审批流程束缚；体制外新型研发机构虽然管理灵活，但是缺乏政府的支持。在当前政策下，一些高校和政府合作建设的研究机构难免陷入生存尴尬，如果不保留其事业单位的性质，政府初期投入的建设经费就面临是否合法的问题；而保留事业单位的性质，则难以摆脱传统体制的束缚。

当前，主要有三类过渡性体制机制，从长远来看，其政策措施从体制机制上束缚了新型研发机构发展。

一是"民办官助"体制机制，例如深圳光启理工研究院、深圳华大基因研究院等新型研发机构，作为"民办非企业"也是不得已而为之，否则难以享受到当前的扶持政策，比如研究设备的进口，只有以"非企业"形态才能享受免税优惠。显然"民办官助"过渡体制机制仅能满足新型研发机构发展的当前需求。"民办官助"新型研发机构需要真正转向企业寻求支撑，这样科研成果产品化之后研发人员才能够获得更多利益，才能构建起投入产出相匹配的体制机制。

二是老套政策支持机制，财政经费补助、土地补贴、科研项目支持等容易实现"政策俘获"，束缚了新型研发机构体制机制的灵活性。这类新型研发机构还容易弱化竞争力，成为利益输送的一个中转站。

三是院校院所和地方政府共建体制机制，仍旧囿于传统事业单位的管理架构，也未能完全由新型研发机构自主决定事项，吸引人才和激活创新能力仍然是句空话。虽然近年来政府科技投入不断加强，该类新型研发机构所争取到的科研经费屡创新高，但是没有相对稳定的资金支持，其长远布局的能力受到很大影响，政府可以考虑实施研发机构基于第三方绩效评价的财政支持方式，同时应该将新型研发机构和传统的科研机构同等看待。

　　未来的新型研发机构如果要获得实质性发展，突破体制机制障碍，形式一定是多形态的，机构能够提供更加高端、常态化、多元化的服务，并随着社会发展、产业发展，新型研发机构深入产业链，并与其融为一体。

6.5 技术转移政策机制仍需落实

　　一是技术转移主体存在不适当定位及缺位问题。技术转移风险大，需要法律制度强力支持。目前，我国政府尚未对技术转移进行系统性立法，因而技术转移机构的地位和职能均缺乏法律支持。因此，大专院校和科研院所在技术转移过程中的责任与义务难以明确，而企业在技术转移交易中处于弱势地位，如何保证技术成果的真实性并鼓励企业吸纳技术，仍然存在一定障碍。

　　二是技术转移中的知识产权保护、利益分配，特别是科技人员的股权、期权等问题存在法律和政策障碍。技术产业化离不开科技人员支持。但是，科技人员在技术产业化过程中的经济利益难以得到充分体现；即使有法律法规鼓励对科技人员进行奖励，但是政策难操作，登记、审批等程序操作困难，而且政策之间存在矛盾冲突。因此，科技人员推动技术产业化的积极性没有充分调动起来，急需解决股权激励中存在的问题，比如把股权激励的程序固定化、制度化。

　　三是对技术转移的激励和保障措施相对缺乏。技术转移服务机构要完全依靠市场化运作目前困难很大，必须形成政府有力支持与市场化运作相结合的有效机制。从世界各创新型国家经验来看，其政府都在政策、制度、计划、专项经费等方面对技术转移服务机构和技术转移行为给予了有力支持，借此保障技术转移的顺利进行。河北在此方面的政策不多，政策保障措施相对缺乏。

四是技术转移活动不规范，技术转移市场不完善。技术转移服务机构在技术转移体系中是非常关键的环节。当前，河北部分科技中介服务机构及相关从业人员的服务能力和水平不高；技术转移服务机构普遍规模小，服务能力不强，技术转移人才短缺，专业能力不足。技术转移竞争活动失序，一个专利多次买卖且未明确各方权利和义务，技术转移纠纷较多，影响到技术转移市场的可持续发展。

6.6 评价考核尚未成熟系统

目前，河北初步形成了绩效综合评议与管理内容和操作流程要求。绩效综合评议主要内容涉及新型研发机构上年度技术开发、科技成果转化、企业衍生孵化、创新人才/团队集聚、运营管理等创新发展情况以及对地方经济的贡献，明确了"材料报送—考核—奖励—退出机制"的绩效考核程序。

当前，在评价考核指标体系的构建、绩效评价的组织运行、评价结果的运用等方面，尚需进一步充实完善，特别是在指标体系中关键要素的确定上，仍需对关键创新活力、创新效益等重要指标进行权重分析，进一步充实关键要素体系等。在绩效评价结果运用方面，需要进一步强化奖惩力度，提升事后奖惩的力度，发挥激励鞭策作用。河北技术转移中存在的这些问题和障碍性因素导致科技和经济不能有效结合，巨大的科技资源难以转化为技术创新能力，影响到河北经济竞争力的可持续性。

第 7 章　兄弟省市新型研发机构政策经验

7.1 广东省

7.1.1 广东省新型研发机构政策概述

广东省作为我国改革开放的前沿，早在 1996 年就建立了国内最早的新型研发机构——深圳清华大学研究院。为适应新型研发机构蓬勃发展的形势，广东省委、省人大、省政府等先后出台了一系列政策（参见表 7-1），对省级新型研发机构发展起到了有力的引导和规范作用。

表 7-1　广东省新型研发机构政策概况

时间	政策制定主体	政策名称	主要内容
20140621	中共广东省委 广东省人民政府	关于全面深化科技体制改革加快创新驱动发展的决定	强化大型企业创新骨干作用。实施大中型企业研发机构全覆盖行动，到 2020 年，大型骨干企业普遍建有企业研究开发院，高新技术企业普遍建有省级以上工程（技术）研究中心、工程实验室、企业技术中心、企业重点实验室等研发机构。 创新省部院产学研合作模式。完善广东省与教育部、科技部、工信部、中国科学院、中国工程院产学研合作工作机制，促进创新主体和创新资源深度融合。支持设立由企业、高等学校、金融机构等组成的产学研协同创新风险基金。深化与驻粤中央企业和中央企业所属科研院所的创新合作。
20150521	广东省科学技术厅等十部门	关于支持新型研发机构发展的试行办法	明确了新型研发机构的定位，并针对专项资金、人才引进、用地优惠、税收减免、成果转化、进口关税、研发补助等方面出台了一系列优惠政策。

（续表）

时间	政策制定主体	政策名称	主要内容
20161201	广东省人大常委会	广东省促进科技成果转化条例	企业可以与高等院校、科学技术研究开发机构及其他组织进行人才、知识交流和技术转移，共享研发设施，采取科技特派员或者联合建立研究开发平台、技术转移机构、技术创新联盟等产学研合作方式，共同开展研究开发、成果应用与推广、标准研究与制定等活动。
20170605	广东省科学技术厅	广东省科学技术厅关于新型研发机构管理的暂行办法	明确了省市两级科技管理部门的职责。明确新型研发机构的申报与认定、管理与评估、权利与义务等。
20181224	广东省人民政府	广东省人民政府印发关于进一步促进科技创新若干政策措施的通知	加快建设省实验室和新型研发机构。支持省实验室实行新型管理体制和运营机制，赋予其人财物自主权，可自主评审正高级职称，自主决策孵化企业投资，自主设立的科技项目视同省科技计划项目，重点引进的人才团队纳入省重大人才工程。支持省实验室与高校联合共建博士点、硕士点，培养高水平创新人才。支持国内外知名高校、科研机构、世界500强企业、中央企业等来粤设立研发总部或区域研发中心，在新一代通信与网络、量子科学、脑科学、人工智能等前沿科学领域布局建设高水平研究院，并直接认定为省新型研发机构，评估优秀的省财政最高给予1000万元奖补。符合条件的省实验室及所属科研机构、高水平研究院，经批准可作为省或市登记设立的事业单位，不纳入机构编制管理。对省市参与建设的事业单位性质新型研发机构，省或市可授予其自主审批下属创投公司最高3000万元的投资决策权。试点实施事业单位性质的新型研发机构运营管理机制改革，允许新型研发机构设立多元投资的混合制运营公司，其管理层和核心骨干可以货币出资方式持有50%以上股份，并经理事会批准授权，由运营公司负责新型研发机构经营管理；在实现国有资产保值增值的前提下，盈余的国有资产增值部分可按不低于50%的比例留归运营公司。稳步推进省属公益类科研机构改革，开展中长期绩效综合评价，对评价优秀的实行基本科研业务费制度。
20190322	广东省科学技术厅等八部门	关于进一步促进科技创新的若干政策措施实施指引	新型研发机构的认定程序；扩大新型研发机构的自主权，加强激励机制建设。

针对新型研发机构的发展，广州、深圳和其他地级市乃至部分区县也相继出台相关政策性文件，对本市新型研发机构发展进行引导和规范，形成了比较完整的新型研发机构政策体系。

7.1.2　广东省新型研发机构政策启示

7.1.2.1　合理划分政府职能

作为改革开放的前沿，广东省市场经济成熟度较高，省及省以下政府职能转变比较到位，比较合理地划分了政府与企业、政府与事业单位、政府与社会中介组织等社会组织的职能边界。在新型研发机构发展和建设方面，政府主要承担营造良好发展环境、宏观机制设计、行为引导和规范、提供公共服务等方面职能，较少使用直接行政手段，基本不干预新型研发机构运营。在这种环境下，很多新型研发机构发展成为较强研发能力的研发机构。

7.1.2.2　以有效激励机制充分调动企事业单位积极性

广东省省市两级党政机关陆续出台了一系列政策，从专项资金、人才引进、用地优惠、税收减免、成果转化、进口关税、研发补助等方面为新型研发机构提供了一系列优惠政策。例如，在专项资金补助方面，广东省科学技术厅每年安排1.5亿元的专项资金，对于初始投入超过5000万元（含5000万元）的新型研发机构，择优给予一次性500万元的建设经费支持；对于初始投入低于500万元的新型研发机构，择优给予一次性300万元的建设经费支持。支持新型研发机构开展研发创新活动，对上年度非财政经费支持的研发经费支出额度给予不超过20%的补助，单个机构补助不超过1000万元。在有效激励机制引导下，无论是作为组织层面的大型企业、高校和科研机构，还是作为个体层面的高校教师和其他科研人员，都有很大积极性创建和参与新型研发机构。

7.1.2.3　以有效激励机制充分调动省以下政府积极性

一方面，广东省委、省人大、省政府及省科技厅在制定新型研发机构政策时，通过比较明确的任务分工，将新型研发机构培育和发展任务落实省以下党政机关，将新型研发机构培育和发展作为日常工作的一部分，纳入绩效管理体系，从而有效地调动省以下党政机关参与新型研发机构培育和发展的积极性。

另一方面，通过宣传和激励典型案例来调动省以下党政机关积极性。广东省内深圳在国内最早建立新型研发机构，广州等地新型研发机构紧随其后。经过20多年的发展，深圳、广州等地新型研发机构已经成为推动科技创新和经济发展的重要力量。广东省委、省人大、省政府及省科技厅等党政机关因势利导，将已经发展较为成熟的新型研发机构认定为省级新型研发机构，给予较大力度政策支持和宣传。深圳、广州等地新型研发机构的发展成为广东省内各地新型研发机构发展和建设的标杆，各市乃至市辖区（县、县级市）积极参与新型研发机构建设，出台了本地政策；对于新型研发机构，不仅有省级支持措施，还有市级乃至区县级支持措施。

7.1.3 广东省新型研发机构典型案例

7.1.3.1 华大基因

华大基因是一个专门从事生命科学的科技前沿机构，以学、研、用为主的科研方式，涉及人类学、医学、农业、畜牧、濒危动物保护等分子遗传层面的科技研究。具有"华大研究院＋华大科技有限公司"两块牌子、一套人马的双法人治理架构。这是一种有效的组织博弈策略，该组织策略的赶超优势相当明显。华大双法人治理架构容纳了"探索性＋不确定＋公共性"科学发现特征与"专有性＋商业性"产业发展特征这两组特征，获得了非营利社团吸纳公益性科研投入和企业发展吸引商业性资金投入的两大优点，建构了科学家主导的科研组织与企业创新团队的特殊优势。

7.1.3.2 深圳光启高等理工研究院

深圳光启高等理工研究院是由深圳光启创新技术有限公司的控股企业深圳大鹏光启科技有限公司于2010年全资注册发起的一家民办非企业新

型科研机构。作为新兴科研机构，光启研究院的运作模式创新，组织架构灵活，给予了研究人员更多自由发挥的空间。当前已成长为创新机构遍布5大洲18个国家与地区，拥有总人数超过2600人的世界级的创新研发团队，掌握了世界前沿的超材料技术、智能光子技术和新型空间技术及相关核心自主知识产权。截至2017年6月，光启理工研究院专利申请总量超过4100件，授权专利达2300件，在超材料领域的专利占全世界该领域过去10年专利申请总量的86%。承担了国家首个超材料领域"863计划"项目，获科技部批准建设了该领域国家重点实验室。

7.2 江苏省

7.2.1 江苏省新型研发机构政策概述

江苏省也是我国改革开放的先行地区之一，同时也是经济、教育、科技较为发达的地区之一，较早出台了新型研发机构（最初称产业技术研究院）相关政策（参见表7-2）。

表7-2　江苏省新型研发机构政策概况

制定时间	政策制定主体	政策名称	主要内容
20120405	江苏省人民政府办公厅	关于进一步加强企业研发机构的意见	积极引导和支持各类企业建立研发机构、着力提高企业研发机构建设发展水平，不断提高企业研发机构技术创新能力。
20131128	江苏省委办公厅	江苏省产业技术研究院研究所管理办法（试行）	在江苏省产业技术研究院开展试点，探索新型研发机构建设管理的新路径。
201505	江苏省人民政府办公厅	关于支持江苏省产业技术研究院改革发展若干政策措施的通知	从科技成果处置、科技成果转化服务平台、专项资金使用、人才、对外合作等方面给予新型研发机构大力支持。
20160815	江苏省人民政府	关于加快推进产业科技创新中心和创新型省份建设若干政策措施	支持新型研发机构牵头组建产业技术创新战略联盟，牵头承担各类科技计划和工程建设项目，符合条件的可以登记为独立法人。支持企业大力推进技术创新与商业模式创新、品牌创新的融合，创造更多新产品、新服务、新业态。

（续表）

制定时间	政策制定主体	政策名称	主要内容
20160815	江苏省人民政府	关于加快推进产业科技创新中心和创新型省份建设若干政策措施	支持新型研发机构发展。新型研发机构在政府项目承担、职称评审、人才引进、建设用地、投融资等方面可享受国有科研机构待遇。省级重点建设和扶持发展的科研项目，缴纳房产税、城镇土地使用税确有困难的，可分别向当地政府、主管地税机关申请给予减税或免税。对符合条件的新型研发机构进口科研用品免征进口关税和进口环节增值税、消费税；从事科技研发的社会服务机构，允许发展国有资本和民间资本共同参与的非营利性新型产业技术研发组织。支持新型研发机构开展研发创新活动。具备独立法人条件的，对其上年度非财政经费支持的研发经费支出额度给予不超过20%的奖励（单个机构奖励不超过1000万元），已享受其他各级财政研发费用补助的机构不重复奖励。鼓励知名科学家、海外高层次人才创新创业团队、国际著名科研机构和高等院校、国家重点科研院所和高等院校在苏发起设立专业性、公益性、开放性的新型研发机构，最高可给予1亿元的财政支持。
20170120	江苏省科学技术厅、江苏省财政厅	关于组织申报2017年度省创新能力建设计划项目的通知	新型研发机构建设方式、奖补方式、申报要求、申报程序等。
20170313	江苏省科学技术厅、江苏省财政厅	关于组织申报重大新型研发机构建设项目的通知	重大新型研发机构的申报对象、申报条件、组织方式等。
20170313	江苏省科学技术厅、江苏省财政厅	关于组织开展新型研发机构奖励申报工作的通知	新型研发机构奖励的申报对象、申报条件、组织方式等。

在江苏省新型研发机构政策体系中，省以下政府制定的政策同样发挥了重要作用。以南京市为例，在2002年就出台了《关于在宁设立科技研发

机构若干政策的意见》，针对大企业在南京设立科技研发机构或科技研发分支机构提高人才引进、税收、土地等方面的优惠政策。苏州也率先出台了一系列鼓励和支持新型研发机构发展的政策。

7.2.2 江苏省新型研发机构政策启示

7.2.2.1 政府支持力度大

江苏省也属于经济发达地区，省政府和南京、苏州等市级政府财力比较雄厚，因此对新型研发机构支持力度较大。例如，江苏省政府针对新型研发机构上年度非财政经费支持的研发经费支出额度给予不超过 20% 的奖励（单个机构奖励不超过 1000 万元）。知名科学家、海外高层次人才创新创业团队、国际著名科研机构和高等院校、国家重点科研院所和高等院校在苏发起设立专业性、公益性、开放性的新型研发机构，最高可给予 1 亿元的财政支持。在资金、人才、税收、土地等方面优惠政策支持下，江苏省新型研发机构得到长足发展，在科技、经济、社会领域发挥越来越大的作用。

7.2.2.2 注重发挥绩效评估机制的引导作用

在江苏省整个新型研发机构政策体系中，绩效评估机制发挥了重要作用。通过缜密的设计和论证，建立起科学、合理的绩效评估主体结构、指标体系、信息收集和反馈机制、与绩效评估结果相关联的激励机制等。每年由政府选聘的独立评估主体执行绩效评估，根据新型研发机构上报数据，对照指标体系确定评估结果。政府根据绩效评估结果确定不同的激励方案。科学合理的绩效评估机制配合有效的激励机制，对新型研发机构起到了有力的引导作用。

7.2.2.3 中心城市参与积极性高

在江苏省新型研发机构建设和发展过程中，不仅省级党政机关出台了相关政策，南京、苏州等中心城市也出台了一系列相关政策，构成了比较完整的政策体系。在南京、苏州等中心城市的积极参与下，江苏省新型研发机构得以不断发展壮大。

7.2.3 江苏省新型研发机构典型案例

7.2.3.1 清华大学苏州汽车研究院

清华大学苏州汽车研究院成立于 2011 年 7 月，下设 5 个研究所、5 个产品研发中心、8 个企业联合研发中心和 2 个分析检测中心；人员总规模超 1000 人，包括国家"千人计划"2 人、"长江学者"2 人、江苏省创新团队 2 个、江苏省"双创"领军人才 2 人；拥有汽车安全与节能国家重点实验室苏州中心等 4 个创新平台。研究院累计孵化创新型企业 60 余家，总市值超过 200 亿元，其孵化的苏州绿控传动科技公司开发的新能源汽车动力系统打破了国外垄断，成为国内 20 多家汽车厂家的主供应商，2017 年销售额 6 亿元，6 年增长 60 倍，市场占有率全国第一。

7.2.3.2 南京先进激光技术研究院

南京先进激光技术研究院由中科院上海光机所与南京经济技术开发区管委会双方共建，是中国科学院上海光学精密机械研究所的唯一分所。研究院坚持为产业提供技术支撑的总体功能定位，建成激光显示组件与系统研发中心、激光检测仪器研发中心、先进全固态激光技术研发中心等 5 个研发中心；集聚国家"千人计划"2 人、国家"万人计划"3 人，省"双创计划"4 人、中科院"百人计划"4 人，专职研发团队总人数超过 120 人；培育和引进了中科煜宸、模幻天空、百川行远等 40 多家激光与光电领域的高科技公司，2017 年总销售额达 5 亿元。

7.3 北京市

7.3.1 北京市新型研发机构政策概述

北京是我国的首都，同时也是我国经济、科技较为发达的地区。北京市域内"双一流"高校、科研机构和大型企业众多。伴随着科技体制改革，北京市新型研发机构也逐渐发展起来。早在 2005 年，北京市和科技部就联合推动成立北京生命科学研究所，探索与国际接轨的管理和运行机制，打造国际一流的基础生命科学研究机构，并取得了巨大的成绩。随后，北京市坚持面向世界科技前沿、面向经济主战场、面向国家重大需求，推动成立了北京量子信息科学研究院、全球健康药物研发中心等一批新型研发机构，吸引集聚一批战略性科技创新领军人才及其高水平创新团队来京发展，努力实现前瞻性基础研究、引领性原创成果重大突破。

2018 年 1 月，北京市政府印发了《北京市支持建设世界一流新型研发机构实施办法（试行）》，旨在吸引集聚战略性科技创新领军人才及其高水平创新团队，推动建设世界一流新型研发机构，有力地支撑全国科技创新中心建设。2019 年 11 月 15 日，北京市政府出台了《关于新时代深化科技体制改革加快推进全国科技创新中心建设的若干政策措施》，支持新型研发机构突破"卡脖子"技术，推动产业链上下游开展战略协作和联合攻关，着力打造竞争新优势。落实研发费用加计扣除等政策，采取政府引导、税收杠杆等方式，鼓励企业、社会组织等通过共建新型研发机构、联合资助、公益捐赠等方式加大基础研究投入。支持建设一批世界一流新型研发机构，赋予其在人员聘用、职称评审、经费使用、运营管理等方面的自主权，实行财政科技资金负面清单管理。鼓励新型研发机构与高等学校联合培养研究生。

7.3.2 北京市新型研发机构政策启示

7.3.2.1 充分发挥区位优势

北京作为首都和经济、教育、科技较为发达地区，在制定新型研发机构政策时，充分发挥区位优势，调动高校、科研机构和企业的积极性，共同参与新型研发机构建设和发展。在新型研发机构政策激励下，北京市新型研发机构虽然起步相对晚，但起点高，发展快。

7.3.2.2 国际化合作程度高

北京市充分利用区位优势，吸引国外企业和科研机构参与新型研发机构建设和发展，借助国外资金和技术，对新型研发机构起到很大促进作用。

7.3.3 北京市新型研发机构典型案例

7.3.3.1 北京量子信息科学研究院

北京量子信息科学研究院（以下简称"量子院"）于 2017 年 12 月 24 日成立，由北京市政府和中国科学院、清华大学、北京大学等顶尖高校院所共同组建。

量子院以建设世界一流新型研发机构为目标，面向世界量子物理与量子信息科技前沿，采取与国际接轨的运行机制，力争在量子计算、量子通信、量子精密测量、量子物态科学、量子材料与器件等基础研究领域取得世界级成果。截至目前，超导量子计算团队、高温超导团队、低维量子材料团队等团队均获得了重要性阶段进展。

在 2021 年中关村论坛期间，量子院参与了 3 项活动。一是在中关村论坛全体会议上，量子院的"长寿命超导量子比特芯片"作为北京重大科技成果之一发布；二是在中关村论坛展览（科博会）上，展出"长寿命超导量子比特芯片"；三是量子院承办了中关村论坛的平行论坛——"量子科技发展与未来"论坛。内容涵盖量子科技及相关研究发展史，量子计算、量子通信、量子精密测量等相关前沿方向的重要性及进展，研究应用生态构建。与会专家在主旨报告后，还举行了"量子科技未来与挑战"高峰对话，展开进一步深入探讨。

7.3.3.2 北京智源人工智能研究院

北京智源人工智能研究院（以下简称"智源研究院"）是北京市于 2018 年 11 月在人工智能领域推动成立的新型研发机构，愿景和目标是聚焦原始创新和核心技术，建立自由探索与目标导向相结合的科研体制，支持科学家勇闯人工智能科技前沿"无人区"，推动北京成为全球人工智能学术思想、基础理论、顶尖人才、企业创新和发展政策的源头，率先成为国际领先的人工智能创新中心。

2021 年 3 月，智源研究院发布我国首个超大规模信息智能模型"悟道 1.0"，6 月发布了全球最大的智能模型"悟道 2.0"，模型的参数规模达到 1.75

万亿。

在 2021 中关村论坛上，智源研究院承办了"人工智能与多学科协同创新"平行论坛，围绕"人工智能大模型时代学科交叉和可持续发展"的主题邀请国际顶尖专家开展深入探讨。北京大学鄂维南院士发表题为《算法时代的科研与技术创新》的主题演讲，探讨如何利用人工智能平台开展化学、材料、生物和工程研究。微软亚洲研究院副院长刘铁岩分享了他们在"探索 AI 的学科交叉之路"上的心得。加拿大皇家科学院李明院士，介绍了人工智能技术促进免疫肽组学研究的最新进展；美国 AI 药物研发公司英矽智能（Insilico Medicine）创始人兼 CEO Alex Zhavoronkov，介绍了 AI 如何与医疗人员配合开展长寿医学研究的经验。

此外，智源研究院围绕"悟道"大模型怎么"用起来"发布两项成果。包括"悟道"大模型开放平台及系列工具、"悟道"大模型应用案例。

7.3.3.3 北京微芯区块链与边缘计算研究院

北京微芯区块链与边缘计算研究院（以下简称"微芯研究院"）是在北京市委市政府推动和指导下，市科委和海淀区政府支持下成立的新型研发机构，拥有来自世界顶尖大学基础科学、信息技术及交叉学科领域背景的研发人员，主要瞄准物联网芯片、新型传感器、区块链、人工智能等前沿技术，以建设世界一流的区块链和边缘计算核心技术研发平台为目标展开科技任务攻关及行业示范应用。

本届中关村论坛首次设立"区块链与数字经济发展"平行论坛。该平行论坛于 2021 年 9 月 24 日下午在中关村国家自主创新示范区展示交易中心颐和厅召开，将邀请国际专家和中国科学院院士分享区块链技术发展趋势，邀请长安链生态联盟成员单位领导在论坛上就区块链技术在数字经济领域的实践进行精彩分享。业界专家将围绕区块链如何助力数字基础设施构建、推动技术生态革新、赋能数字经济发展展开研讨，旨在赋能数字经济新生态，助力经济高质量发展走出新路子。论坛期间，微芯研究院也将展出长安链研究和应用的相关成果和案例。长安链是国内首个自主可控区块链软硬件技术体系，由微芯研究院联合头部企业和高校共同研发，具有全自主、高性能、强隐私、广协作的突出特点。融合区块链专用加速芯片硬件和可装配底层软件平台，为长安链生态联盟提供强有力的区块链技术支撑。

7.4 天津市

7.4.1 天津市新型研发机构政策概述

天津作为直辖市之一，也是全国经济、教育、科技较为发达地区，市域内有南开大学、天津大学等"双一流"高校和众多科研机构，同时有很多大型企业。伴随着全国科技机制改革，天津早在 21 世纪初就开始启动部分科研院所企业化运营改革。2018 年 8 月 31 日，天津市人民政府办公厅出台《天津市人民政府办公厅关于加快产业技术研究院建设发展的若干意见》，正式启动天津市新型研发机构（天津官方文件中称"产业技术研究院"）建设。随后，2018 年 10 月，天津市科技委员会（后改称科技局）出台了《天津市产业技术研究院认定与考核管理办法（试行）》，对于产业技术研究院申请与认定、绩效考核与管理等进行了规定。2020 年 11 月，天津市人民政府又出台了《天津市科技创新三年行动计划（2020—2022 年）》，提出探索天津市产业技术研究院作为新型研发机构的发展路径，支持产研院技术成果转移转化，推动其内部创业和裂变发展，衍生孵化一批科技型企业。

7.4.2 天津市新型研发机构政策启示

7.4.2.1 新型研发机构发展与产业结构密切结合

天津在推动新型研发机构发展和建设过程中，注意与产业结构转型与升级相结合，重点发展人工智能、生物医药、新能源新材料等与战略性新兴产业相关的新型研发机构，取得显著成果。

7.4.2.2 注重吸引市域外高校和科研机构参与新型研发机构建设

天津在推动新型研发机构发展和建设过程中，注意与市域外高校和科研机构加强合作，建立天津大学科学技术发展研究院、浙江大学滨海产业技术研究院等新型研发机构。

7.4.3 天津市新型研发机构典型案例

7.4.3.1 北京大学（天津滨海）新一代信息技术研究院

北京大学（天津滨海）新一代信息技术研究院是在京津冀协同发展战略背景下，服务于北京大学与天津滨海新区战略合作框架协议，由北京大学信息科学技术学院与天津市滨海新区共同组建的滨海新区事业单位。研究院以科研与产业孵化为工作核心，开展新一代信息技术领域前沿先进技术研发，推进科技成果产业化，孵化信息领域高科技企业，与本地企业进行产学研合作，开展人才培养、培训以及国际交流合作等。

自 2014 年 8 月成立以来，下设研究中心、院士工作站、博士后创新实践基地、创新中心、联合实验室、院办公室、财务部等部门。从北京大学引进了数十位国家杰出基金、杰出青年等领军人才及百余名项目研发博士、硕士，聘请了项目专业工程师，建立了微纳电子与系统集成研究中心、新一代互联网软件研究中心、新一代有机电子器件研究中心、先进物联网技术研发中心、磁共振与成像技术中心、原子钟技术研发中心、智能家居与无线感知研究中心、第五代无线通信研究中心，以及低功耗智能微纳集成系统和视频大数据处理部院士工作站等研发中心。各研发中心已成功启动多个项目的研发工作，取得了阶段性的成果，申报国家重点研发计划项目 3 项、天津市重点项目 3 项；申报滨海新区合作共建研发平台科技创新项目 22 项，已成功孵化 5 家科技成果转化公司。累计申请发明专利 56 项，其中，PCT 专利 3 项，6 项获得发明专利授权；计算机软件著作权 11 项，集成电路布图设计 12 项；在国内外期刊上发表了 113 篇高水平论文；参与起草 2 项国家标准。

7.4.3.2 天津中科智能识别产业技术研究院

天津中科智能识别产业技术研究院成立于 2015 年 3 月，是开展院地合作、推进智能识别领域高科技成果研发、孵育、转化并产业化的平台。

研究院研发方向涵盖智能传感器、全媒体大数据智能处理、多模态智能识别与智能云服务等多个学科领域。研究院与 10 多所国内外高校和科研机构建立了合作关系，每年组织举办智能识别领域的国际和国内学术会议、技术论坛、产业研讨会，学术氛围浓厚，产业化机制灵活，是一个创新、创业的大舞台。

研究院面向大数据时代智能通关、智能监控、智能金融、智能消防等智慧城市建设过程中对智能识别高科技的迫切需求，引进生物识别产业技术创新战略联盟和图像视频大数据产业技术创新战略联盟的企业资源，协同国内外优势科研力量，瞄准国家重大任务和国计民生重大需求开展行业系统解决方案和高技术产品研发。同时建设国际一流、国内领先的智能识别数据库，为天津市智能识别产业集群提供公共技术平台、测试认证平台以及咨询论证服务，促进传统制造业的转型与升级。

第8章 河北新型研发机构发展的政策路径

从 2017 年河北省人民政府办公厅发布《加快推进科技创新的若干措施》算起，在贯彻执行国家关于推进新型研发机构发展政策的前提下，中共河北省委与河北省人民政府、河北省人民政府办公厅、河北省科学技术厅、各市人民政府出台了一系列关于推进新型研发机构的规范性文件，构成了比较完整的政策体系。经过 3 年多的执行，总体上完成了既定目标，取得了良好效果，但一些问题也暴露出来。随着河北新型研发机构政策发展由"探索期（1.0）"到"成长期（2.0）"过渡，可通过政策调整加快新型研发机构发展，不断在改革发展中解决问题，实现高速发展水平提升。

8.1 政策优化的背景原则

在政策方案设计和论证中，明确政策制定的背景原则是至关重要的。综合我国国情和河北省情，新型研发机构政策优化需要遵循以下原则：

8.1.1 服务京津冀协同发展战略

2014 年 2 月 26 日，习近平总书记在北京主持召开座谈会，专题听取京津冀协同发展工作汇报。2015 年 4 月 30 日，中共中央政治局召开会议，审议通过《京津冀协同发展规划纲要》。纲要指出，推动京津冀协同发展是一个重大国家战略，核心是有序疏解北京非首都功能，要在京津冀交通一体化、生态环境保护、产业升级转移等重点领域率先取得突破。自此，京津冀协同发展上升为国家战略，京津冀三地的交流和合作进入全面发展的新阶段。

包括新型研发机构建设与发展在内的科技领域的交流与合作是京津冀协同发展战略的重要组成部分。未来设计河北新型研发机构政策 2.0 务必紧密结合国家京津冀协同发展战略，借助好中央支持政策，将河北省产业结构转型和升级与整个京津冀协同发展密切结合，加强与北京、天津高校、科研机构和企业的合作，吸引京津两地高校、科研机构和企业参与河北新型研发机构建设和发展。

8.1.2 服务千年大计——雄安新区建设

2017 年 4 月 1 日，党中央、国务院正式启动河北雄安新区建设。设立河北雄安新区，是以习近平同志为核心的党中央作出的一项重大历史性战略选择，是千年大计、国家大事。雄安新区承担了疏解北京非首都功能、推动京津冀协同发展、构建京津冀世界级城市群等重要战略功能，对于国家发展和京津冀区域发展起到重要推动作用。经过 4 年多的规划和建设，目前雄安新区已经初具规模，吸引了一定数量的高校、科研机构和企业进驻。未来河北新型研发机构建设和发展必须借助雄安新区的建设和发展的东风，依托入驻和新办的高校、科研机构和企业，开展新型研发机构建设和发展领域合作。

8.1.3 服务经济强省美丽河北建设

相对于广东、江苏等省份，河北省地区生产总值和人均数值相对低，产业结构刚刚实现"三二一"结构，高科技产业所占比重相对小，同时市场经济尚不够成熟。设计未来河北新型研发机构政策 2.0 必须密切结合河北省情，有所为，有所不为，结合产业结构升级，选择优势领域，重点发展一定数量骨干新型研发机构。在河北新型研发机构建设和发展过程中，一方面河北省各级政府不能"缺位"，要勇担重任，主动出击，做好宏观制度环境设计，发现和培育具备发展成为新型研发机构潜力的科研机构，做好配套服务工作，用优惠政策来引导和激励新型研发机构发展；另一方面不能"越位"，要给予新型研发机构宽松的发展环境，调动其发展积极性，不过多干预其具体运营。

鉴于河北省经济、科技、教育水平在全国尚属中等水平，结合河北省情，河北新型研发机构政策 2.0 仍以稳健推进为主，新型研发机构建设不求数量大幅度增加，以培育骨干新型研发机构为主要目标，力争"十四五"期间培育 10～15 个骨干新型研发机构。

着力围绕先进制造、信息网络、新材料、新能源等领域，重点在拉长产业链、打造创新链、完善物流链，大力培育引进一批新型研发机构。要高起点，做到高精尖，专精特新，促使河北产业链创新链实现深度融合。

8.1.4 鼓励前沿科学、基础科学、应用科学研发

新型研发机构必须满足河北经济与社会发展需求，以企业开发为主，具有明确的研发方向和清晰的发展战略，在前沿技术研究、工程技术开发、科技成果转化、创业与孵化育成等方面具有鲜明特色。在自身研发积累的基础上，新型研发机构要依托大院大所，积极加入产业技术创新联盟。这些联盟集成了国内该领域的优势创新资源，承担国家重大科研任务，也具有较强的创新组织能力，可依托运行良好的产业技术创新联盟建设国家重大创新基地。新型研发机构重点在创新链前端建设国家重大创新基地。

8.1.5 鼓励探索多元组建形式、人才管理模式

新型研发机构的投资和建设主体不仅仅限于政府部门，高校、科研院所、企业、社会组织、产业联盟甚至创投基金等不同类型的法人实体也能成为科研机构的"主人"。新型研发机构应不断创新组建形式，脱离吃皇粮、终身制、旱涝保收的旧体制。鼓励在市场机制条件下探索积极的组织模式，即使是事业单位也是养项目不养人，不搞终身制。创新决策制度、

成果输出、基金运作及发展模式，探索"官助民办"的运作方式，构建一个开放的国际化研究平台，在国际范围内整合人才资源，最终形成达到国际水平和符合国际惯例运作的高水平研究机构。

河北新型研发机构主要为企业自建，尚无高校和科研院所与政府共建型、与企业共建等多元化的组建方式。

构建更多运行机制高效的新型研发机构。包括多元化的投入机制、市场化的决策机制、高效率的成果转化机制等，并有计划地逐年建设设施。将"民办官助"真正转变为国际通行的理事会管理体制，逐步使政府老套扶持政策退坡，最后形成功能定位清晰的新型研发机构，为今后在新型研发机构方面的地方立法提供实践经验支持。

8.1.6 坚持新型研发机构的企业化运作

新型研发机构按照企业管理的体制机制，不断创新科研机构的现代化管理模式、决策机制和人员编制。在管理模式上，新型科研机构运行机制既像企业，又像事业单位；既像研究机构，又像大学。这种"四不像"体制极大地促成了科研成果产业化。如深圳清华大学研究院通过"四不像"的管理模式，实现了科研机构体制和机制的全面创新。在决策机制上实现了"投管分离"，在人员编制上虽然保留"事业单位"属性，但不定编、不定人，研究人员一般采用聘用制，一切以绩效成果为衡量标准。

8.2 政策优化的聚焦方向

河北新型研发机构发展模式在全国先进地区发展带动下，初步完成探索起步并且产生了较好的发展效应。河北应该抓住有利时机，使新型研发机构的体制机制成为河北新一轮科技体制改革的重要内容，引导河北科技资源配置向新型研发机构优先倾斜。这不仅会对河北各市现有的新型研发机构的发展产生重要推动作用，还有助于吸引更多的创新团队来深设立新型科研机构，使河北成为后发先至的源头创新地。因此，凝聚河北新型研发机构发展方向，强化其职能定位，主要做好以下几个方面的工作。

8.2.1 稳定发展预期，构建新型研发机构稳定支持机制

对于新培育的新型研发机构，依据机构所得税额及研发人员个人所得税额地方留成部分的50%，给予连续3年研发补助，总金额根据财力和发展情况确定。探索建立新型研发机构稳定支持机制，支持费用最高可达其运营费用的1/3。

在土地、融资、人才、社保等方面出台配套政策，改善新型研发机构发展环境。在土地、融资等方面出台明确的扶植政策，可以为新型研发机构发展节约成本、提升利润总量和比例。在人才、社保等方面出台明确的扶植政策，可以免除高校教师和科研机构工作人员后顾之忧，提升高校教师和科研机构工作人员参与新型研发机构的积极性。

8.2.2 创新奖补策略，提升创新型机构（企业）融资环境

积极探索金融制度改革，促进股权、期权激励，推进科技与资本融合。对符合条件的新型研发机构，鼓励各类创投基金、产业基金优先给予股权投资；鼓励各类担保基金优先提供科技担保服务；鼓励其在科技创新板优先挂牌上市。鼓励国外风险投资机构来河北特别是雄安发展，对现有省属风险投资机构进行整合。加大财政对科技型企业的扶持力度，积极利用垂直资源帮助企业争取创新基金。促进金融机构与创新型企业开展资金合作。建立企业上市资源数据库，加快企业上市步伐。给予高端平台培育、高端人才团队引进和高新技术研发主题相关项目至少3年财政资金支持。对从事竞争前技术研究为主的，探索建立稳定支持机制，支持费用最高可达其运营费用的1/2。

8.2.3 丰富财税政策，给予新型研发机构更多资金优惠

符合相关条件的新型研发机构新购进并专门用于研发活动的仪器、设

备，单位价值不超过一定数额，允许一次性计入当期成本费用，在计算应纳税所得额时扣除，不再分年度计算折旧；单位价值较大的，可缩短折旧年限或采取加速折旧的方法，最低折旧年限不得低于企业所得税法实施条例规定。进口科研仪器设备符合规定的，运用河北自贸区政策或者争取海关支持免征关税和进口环节增值税，还可实施快速绿色通关。

鼓励交流实行报销补贴。鼓励科技学术交流，对院校、科研机构之间的科研交流活动进行全方位开放，充分利用学术资源，按报销制的办法由政府财政给予补贴。

8.2.4 围绕特色产业，打造深度融合的创新链技术链服务链

当前，我国创新链难以形成的主要障碍在于科技人员、学院、政府与企业之间无法形成良性循环。理想的创新链是不同研发环节由不同公司负责，从研发到市场开拓形成产业，将自主创新变成服务业。一是科研团队与相关企业、投资机构联合成立科研成果产业化公司；二是通过研发机构授权，研发机构取得的成果以技术合作等方式在专门的项目公司进行产业化；三是公司将科研成功产业化中取得的收益按一定比例返回科研机构，以支持其科研和日常运作。

西方创新链成熟，产业链分成了很多段，科研人员在实验室发现新的现象，形成理论，完成专利后就能出售，这样创新链就能延续下去。河北也应着力强化创新链与产业链的深度融合，制造产品、找到应用、形成产品，然后大规模生产，开拓市场，也就是从源头创新到商业化进行创新链重塑。

技术创新链必须围绕产业链进行。产业链是创新链的载体。要提高创新的水平和效率，技术创新就必须紧紧围绕产业链、基于产业链，把创新链融入产业链中来进行。

一是要绘制产业技术路线图。产业技术路线图是促进创新链和产业链融合的手段和工具。产业技术路线图是以产业链为中心，从技术上找到要实现的技术目标以及达到目标的路径，进而找到路径上的关键技术节点。

路线图是一批专家学者、企业家、工程技术人员以及政府管理人员等经过深入调研和充分研讨后得出的，是集体智慧的结晶。产业技术路线图是一个有用的工具，能够从整体上加快创新速度、提高创新效率。

二是把产业技术路线图通过产学研合作来付诸实践。实践证明，产学研对于推动自主创新具有十分重大的作用。在针对产业链上的技术节点进行产学研合作，开展关键技术和共性技术攻关的时候，必须做好统筹协调，注重项目之间的协同工作，力求实现项目与项目产生协同效应。因为产业技术路线图的各个关键技术节点具有内在的联系，因而在进行项目布局的时候，要充分考虑到项目之间的协同效应。协同效应可以少走很多弯路、节约经费、提高创新效益。

三是服务链、资金链也必须与创新链协同起来，从而产生更广泛的协同效应。

8.2.5 激发内在动力，构建有效激励引导体制机制

政府对新型研发活动的财政资助，应专注于理顺研发活动规律，创造良好的研发环境，以及虽具有正外部性但市场失灵未能激励引导研发活动之处。

一是政府对新型研发机构的有效激励引导，重点应放在科学发现与可商业化之前的研发环节，主要解决其正外部性科技溢出效应未能获得对应收益问题。研发成果商业化后，其收益能够由市场决定，无须由政府财政资金给予支持。因此，建议对新型研发机构开展科学发现或未商业化的研发创新活动，给予若干资金的前期资助，若在 1～3 年内产生较大社会影响（由第三方专业机构进行评估），则对其间相关研发支出给予 70%～100% 资金资助，并根据其研发经费支出额度，给予项目组不超过 20% 的奖励（根据规模合理确定奖励上限），已享受其他各级财政研发费用补助的机构不重复奖励。

二是建议省科技厅对科学发现和研发活动进行重点和一般性甄别。对重点项目，规范研发项目的立项、内部招标、验收及效益评估，最后给出

评估意见，并根据委员会意见对机构的研发活动支出给予相应的财政资助。对一般项目，委托第三方科技中介机构组织专家开展新型研发机构的评审、论证、评价等工作。

三是鼓励新型研发机构构建有效激励引导机制。对已经企业化和市场化的新型研发机构，只有涉及公益性科研活动才给予财政资助，为鼓励其构建富有竞争力的薪酬机制、体现个人价值的收益分配机制、开放型的引人和用人机制等，政府研发主管部门也可给予相应财政资金资助，激励引导更多新型研发机构市场化、企业化。

四是创新的内在管理模式，探索"官助民办"的运作方式，即尝试从引进人才、建立科研机构的旧模式中走出来，有利于其快速起步，但发展到一定阶段后，不能依靠政府哺养，与企业实现深度合作才是长久发展之根本。与市场需求直接挂钩，这样就保证了资金链不断裂，保证具有充分的科研动力，以及培养敏锐察觉市场需求变化的能力。

8.2.6 完善评价考核，形成科学系统的奖罚规则

充分调动市县政府积极性。针对河北省市县政府参与新型研发机构建设和发展积极性不高的情况，应发挥好科技厅协调和政策建议功能，争取省委省政府将新型研发机构培育和发展纳入市级政府和部分县级政府的考核体系中，明确市县两级政府应出台本市（县）新型研发机构培育和发展政策，出台对省级新型研发机构的本地配套扶植措施。

充分调动市县科技局积极性。针对河北省市县科技局参与新型研发机构建设和发展积极性不高的情况，科技厅将新型研发机构培育和发展纳入市县科技局的考核体系中，明确市县两级科技局主动发现和培养"准新型研发机构"的责任，加大培育和扶持新型研发机构的力度。

8.2.7 发挥平台作用，吸引培育高水平创新人才

强化人才激励机制。对政府财政资金"拨改投"方式参股设立的新型研发机构，可以将政府持股中部分份额依照合同约定、项目完成情况和科

技成果评价情况，让渡奖励给作出重要贡献的人才（团队）。在新型研发机构开展职称自主评定试点，对引进的海外高层次人才、博士后研究人员、特殊人才开通直接认定的"绿色通道"。对于新型研发机构引进的人才（团队），及时兑现高层次人才引进优惠政策，优先支持申报国家级、省级人才计划。

新型研发机构要按照企业化管理方式运作，采用合同制、匿薪制、动态考核、末位淘汰等管理制度，打破传统研发机构固有的"铁饭碗"薪酬制度。在薪酬机制上，按照国际市场的薪酬标准吸引国内外高端创新人才，在用人机制上"不以年龄论资历，不以学位论英雄"，大胆任用具有创新胆识和创新能力的年轻人。

形成 4 个奖励条件。一是按照机构规定通过立项的新产品开发项目取得专利成果，通过省市级科技成果或新技术新产品鉴定；二是按照规定通过立项研发，且在研发成功后两年内完成商品化的新产品；三是应特殊要求未立项开发并完成商品化的一次性专用产品（或软件、技术服务）；四是参加行业标准制定起草，标准发布后公司被列入河北标准起草单位。

构建 4 种奖励种类。一是项目成果奖励，按项目获得的专利成果与科技、新产品、新技术鉴定结论进行奖励，奖励对象为获得项目成果的研发小组。二是新产品销售收益分享，按新产品性质与前两年实际销售情况进行奖励，奖励对象为该产品的研发小组。三是一次性产品利润分享，自该产品销售之日起，用户连续无故障运行半年后，按照该一次性产品的销售额给予的奖励，奖励对象为该产品的研发小组（或个人）。四是标准起草奖励，按发布标准类型与起草单位中公司的排名进行奖励，奖励对象为该标准起草的研究小组（或个人）。

8.2.8 打造政策特区，建立雄安新区绿色创新高地

雄安承担着承接非首都功能疏解的重要任务，完全可能成为未来河北发展的重要创新高地。在市场化新型研发机构建设中，建议雄安以打造战略联盟为抓手，构建产学研合作机制。

一是大力度支持校地、院地在雄安开展合作。加强制度创新，打破条块分割，在科教资源整合与利用上探索经验，促成校企共建基地，引导组建合作联盟，使校企双方形成开发、生产、销售紧密结合的产学研合作联盟，加速科技成果的产业化进程。

聚焦河北重点产业（企业），着重建设一批产学研战略联盟。加快雄安创新研究院的建设步伐。支持企业与高校院所共建重点实验室、工程中心等研发机构，针对产业发展重大关键技术开展联合攻关。引导企业创新发展机制，鼓励企业家走进雄安大学城，与高校科研机构建立畅通联系，优势互补，利益共享，共同发展。

二是促进高精尖科技成果在雄安转化。发挥现有科技资源优势，以创新示范区、高新区、经开区、创新创业园等为依托，提高园区科技创新能力，打造具有雄安特色的科技成果转化基地。同时积极加强与国家级科研院所的联系，争取更多国家级平台项目落户，提高科技成果在雄安的转化率。企业、院所与新型研发机构合作，提升重大科研项目联合攻关能力，催生有重要影响的原始性创新成果在雄安更多涌现。

三是建立产学研合作长效机制。逐步成立高新技术产业协会及电子信息、生物医药、新材料、装备制造等高新技术领域专业协会，建立和完善各协会制度，开展考察、学习、培训、联谊等活动，以第三方协会带动在雄成员单位之间的交流与联系，使各专业协会工作常态化、规范化，形成产学研联合互动的长效机制和良好氛围。对于这方面的运营经费，地方财政可以予以一定补助。

8.2.9 健全服务体系，完善科技中介服务保障机制

一是培育骨干科技中介服务机构。借鉴上海张江开发园区的政府花钱买服务的做法，对新成立的科技中介机构，实行注册资金全免，并给予一定的税收优惠。重点扶持和培养若干大型骨干科技中介机构，扶持现代金融、信息、科技服务业的发展。选择有优势的科技推广、技术中介机构，重点给予资金和技术信息上的支持。对现有科技中介服务机构进行整合与

重组，促进不同科技中介机构的联系与合作。

二是强化科技中介机构能力建设。加强科技中介服务队伍建设，提升服务水平，规范行业管理，实现生产性服务业与先进制造业、高新技术产业的融合与互动，建设科技创新服务网络体系。加强对科技中介机构现有从业人员的教育、培训，提高其整体素质。鼓励高校师生、科研院所及企业的科技人员从事科技中介服务，逐步培养一批兼具业务水平与服务意识的科技中介人才。

三是以骨干中介机构为核心构建研发交流机制。例如，在雄安新区可以考虑由雄安创新研究院、在雄安落地的国有企业和雄安大学城有关高校等共同发起，成立"雄安新型研发机构沙龙俱乐部"，政府也利用此机会多听取科研发展的建议，对市场化新型研发机构进行服务。

在调研过程中发现，尽管国家和河北新型研发机构政策出台多年，仍有相当数量的高校教师、科研人员和企业人员，对国家和河北新型研发机构政策不够了解。由于基本认知度不高，自然参与度低。同时，政策执行中遇到的一些现实问题也没能及时反馈给科技行政管理部门，影响了政策调整。因此，加强宣传和沟通也是推进河北新型研发机构建设和发展的必要条件之一。

在设计和推进"河北省新型研发机构政策2.0"过程中，需要通过座谈会、网站、微信公众号、微博等各种手段收集高校、科研院所和企业工作人员的利益诉求、意见和建议，使政策措施更具有科学性和可操作性。同时，需要通过广播、电视、报纸、座谈会、网站、微信公众号、微博等各种手段将"河北省新型研发机构政策2.0"内容有效传达到基层，使高校教师、科研人员和企业人员了解政策内容，促使相关人员积极参与河北新型研发机构建设和发展。

8.3 河北新型研发机构政策升级2.0版——政策工具箱

通过与兄弟省市的比较分析，可以明确指出，河北市场化新型研发机构已由"探索期"过渡到"成长期",其标志为 2021 年 11 月《河北省新型研发机构管理办法》的出台。自此,河北支持政策迈入 2.0 升级版。在遵循新型研发机构发展的基本原则基础上,应适时提出并运用河北新型研发机构政策升级 2.0 版的政策工具箱,通过建立一揽子灵活的政策组合,给河北制定省级、各地市级、县区级支持政策提供选项,以期便于不同环境地域、不同资源禀赋、不同发展特点的政府主体选择最适合自身的政策工具,最大限度地发挥政策引导、扶持作用,为河北新型研发机构持续高质量发展构建良好政策环境和创新生态。具体政策工具见表 8-1。

表 8-1　新型研发机构政策工具箱

编号	政策阶段	政策类别	具体措施	支持档次（兄弟省市支持力度,供本省参考）	适用条件	支持周期（兄弟省市实施周期建议）	施政主体	备注
Q1		资金政策	给予一次启动经费支持	100 万元 / 周期	符合省、市新型研发机构要求,纳入新型研发机构考核评价管理体系。	3 年	省级	可叠加享受
				50 万元 / 周期			市级	
				20 万元 / 周期			县区级	
Q2	前期培育	人才政策	个人津贴	50 万元 / 年	新型研发机构由院士级顶尖专家学者领衔创办或作为主要参与者（以此种情况为例,其他类型人才政策据实另行制定）。	3 年	以市级为主,省级根据实际情况重点支持。	
			项目资助	达到国家级重大专项等标准的项目,享受最高 500 万元项目资助。				
			购房补贴 / 产权住房	100 万元～300 万元购房补贴 / 160 平方米左右的人才住房一套。	新型研发机构由院士级顶尖专家学者领衔创办或作为主要参与者（以此种情况为例,其他类型人才政策据实另行制定）。		以市级为主,省级根据实际情况重点支持。	

（续表）

编号	政策阶段	政策类别	具体措施	支持档次（兄弟省市支持力度，供本省参考）	适用条件	支持周期（兄弟省市实施周期建议）	施政主体	备注
Q2		人才政策	个税减免/贷款贴息	年薪100万元～300万元内的税费减免/贷款贴息不超过3000万元。	新型研发机构由院士级顶尖专家学者领衔创办或作为主要参与者（以此种情况为例，其他类型人才政策据实另行制定）。	3年	以市级为主，省级根据实际情况重点支持。	
			子女入学、医疗服务等绿色服务保障	纳入本地人才计划，享受绿色优待。				
Q3	前期培育	场地政策	提供办公场地	不超过2000平方米地支持。	符合新型研发机构基本条件、且无自有办公场地或办公场地不足以满足实际需求的。	3年	市级	
				不超过1000平方米场地支持。			县区级	
				不超过500平方米场地支持。				
			提供房租补贴	每年20%的房屋租金补贴。	符合新型研发机构基本条件、有办公场地或根据需求自主选择办公室场地的。		省级	不可叠加享受
				每年15%的房屋租金补贴。			市级	
				每年10%的房屋租金补贴。			县区级	
Z1	中期支持	项目支持	为项目实施提供配套资金（国家级、省级重大项目）	国家级100万元/省级30万元	申请获得重大国家、省级专项。	3年	省级	可叠加享受
				国家级50万元/省级20万元			市级	
				国家级30万元/省级10万元			县区级	
			为项目实施提供政策保障	以项目实施需求制定。				

（续表）

编号	政策阶段	政策类别	具体措施	支持档次（兄弟省市支持力度，供本省参考）	适用条件	支持周期（兄弟省市实施周期建议）	施政主体	备注
Z2	中期支持	引育支持	人才待遇参照当地政策统一支持	（参见 Q2 政策）	引进或自主培育出国家级、省级、市级人才。	3 年		可叠加享受
			给予企业一次性引育奖励（国家级人才、省级人才、市级人才）	100 万元 / 人次			省级	
				50 万元 / 人次			市级	
				30 万元 / 人次			县区级	
Z3		运营补贴	提供企业运营补贴（水电暖）	按 400 元 / 平方米计算	符合新型研发机构基本条件。	3 年	省级	不可叠加享受
				按 200 元 / 平方米计算			市级	
				按 100 元 / 平方米计算			县区级	
Z4		成果支持	给予一次性奖补	依据成果效益，按照在本地年纳税贡献的 20% 给予一次性奖励。	科技成果落地，实现产业化并产生持续性经济效益。	3 年	省级 / 市级 / 县区级	依据财税政策，由享受税收收益的本级政府提供一次性奖补支持。
				依据成果效益，按照在本地年纳税贡献的 10% 给予一次性奖励。				
				依据成果效益，按照在本地年纳税贡献的 5% 给予一次性奖励。				

（续表）

编号	政策阶段	政策类别	具体措施	支持档次（兄弟省市支持力度，供本省参考）	适用条件	支持周期（兄弟省市实施周期建议）	施政主体	备注
Z5	中期支持	优企孵化	给予一次性奖补	100万元/家	孵化、培育出优质企业，符合国家认定的专精特新"小巨人"企业、公认的行业细分领域"独角兽"企业等。	3年	省级	可重复享受
				50万元/家			市级	
				20万元/家			县级	
J1	绩效考核	激励政策	给予一次性综合奖补	优秀100万元/合格20万元	达到本地年度/支持周期绩效考核要求	3年	省级	可重复享受
				优秀50万元/合格10万元			市级	
				优秀30万元/合格无奖补			县级	
			自动纳入新一周期给予政策支持					
J2		惩罚措施	依据考核情况给予相应惩处	追回各类奖补/惩罚性罚金/取消认定资格	未达到本地年度/支持周期绩效考核要求，或发现应当取消新型研发机构资格的情形。	3年	省级/市级/县区级	

结　束　语

　　推动新型研发机构是推动科技创新、促进科技成果转化的重要力量,培育发展新型研发机构是推动地方经济社会发展的重要抓手。

　　本书通过将河北市场化新型研发机构与兄弟省市进行比较分析,明确了:(1)河北市场化新型研发机构正从初创期转向成长期,其具体表现为经过较短时间的发展,河北市场化新型研发机构的数量虽然还不是很多,但已经在经济发展中初步发挥作用、崭露头角,少数新型研发机构取得了较好的经济效益、社会效益;与此同时,由于数量有限,政府、民众和社会人士对新型研发机构的了解和认识仍然有限,特别是对于新型研发机构与传统科研院所在运行和发展上的差异认识不足;地方政府(市县)对新型研发机构的欢迎程度不一,少数地方还不如传统科研院所;落实的配套政策参差不齐,且局限在经费运营支持;科研院所的研发人员对新型研发机构了解不够,高校教授进入新型研发机构开展工作的人数有限;本地企业经济实力有限,给予新型研发机构的关注和支持也相对有限。(2)与河北对标的少数兄弟省份新型研发机构建设取得了长足进步,其特征是注意发挥自身比较优势,政策措施已经从扶持培育转向质量提升。(3)河北新型研发机构发展要依据河北省情,发挥自身比较优势,加大与高校科研院所对接,发挥雄安创新高地建设的作用,今后的主要政策措施应逐步实现"1.0版"向"2.0版"转变升级。"2.0版"的政策措施,其特征包括发挥高校科研院所作用、加强雄安创新高地建设实现示范效应;从单一经费扶持转向多项政策配套工具箱；实现省市县各层级的政策覆盖，经费、人才、技术、知识产权等各项政策的对接；等等。本书还分析了河北新型研发机构发展的难点问题和地方特点，并提供了"2.0版"政策工具箱等创新建议。

毫无疑问，河北正处在经济社会发展的重要历史性窗口期和战略性机遇期，亟须构建具有国际一流研发条件和水平的创新平台，以支撑引领战略性新兴产业发展为目标。我们有理由相信，通过持续大力推进市场化新型研发机构建设，为其创造更好政策保障、构建更好创新生态，深化科技改革创新、创新链、产业链深度融合，必将释放推进河北经济社会强大动力，在河北建设经济强省、美丽河北的壮丽画卷上添上浓墨重彩的一笔！

参 考 文 献

[1] 薄文广，何润东，王毅爽，等．国内典型城市新型研发机构发展经验借鉴及对天津的启示 [J]．天津经济，2021（4）：11-18.

[2] 孙逊．江苏新型研发机构绩效评价体系研究及建设发展建议 [J]．科技与经济，2021，34（1）：16-20.

[3] 毛义华，李书明．创新驱动战略下天津新型研发机构培育策略研究 [J]．科技与创新，2020（5）：46-48.

[4] 李婷，邓学来，邢敏．河北省新型研发机构建设的关键因素研究 [J]．安徽科技，2020（1）：29-34.

[5] 李海娜，王燕．石家庄市新型研发机构人才团队现状分析 [J]．产业与科技论坛，2019，18（24）：70-71.

[6] 王燕，李江丽，张永皓．推动新型研发机构发展的思考与建议——以石家庄市为例 [J]．统计与管理，2019（11）：60-63.

[7] 张冬燕，王冬至，杨香合，等．河北省新型研发机构发展对策建议 [J]．价值工程，2019，38（31）：53-54.

[8] 张玉华，张丹丹．北京、广东等地新型研发机构建设经验及其启示 [J]．上海商业，2019（5）：13-17.

[9] 廖晓东．北京推动世界一流新型研发机构建设及对广东的启示 [J]．决策咨询，2018（6）：58-60.

[10] 孟祥芳．天津建设产业技术研究院的战略思考 [J]．天津经济，2018

（11）：15-19.

[11] 陈瑾辉，靳静.以新型研发机构推进京津科技成果在河北转化 [J].经济论坛，2018（9）：150-152.

[12] 巢俊.江苏新型研发机构建设现状与发展思考 [J].江苏科技信息，2018，35（21）：1-3.

[13] 李金惠，王静雯，王增栩.广东新型研发机构发展现状、政策及建议分析 [J].技术与创新管理，2018，39（3）：267-270，287.

[14] 杨博文，涂平.北京新型研发机构评价指标体系研究 [J].科研管理，2018，39（S1）：81-86.

[15] 廖晓东.创新体系竞争视域下的广东新型研发机构建设研究 [J].科技与经济，2017，30（4）：41-45.

[16] 廖颖宁.我国新型研发机构探析——以广东为例 [J].中国科技产业，2016（8）：70-76.

[17] 周文魁，韩博.江苏省新型研发机构建设研究——以江苏数字信息研究院为例 [J].江苏科技信息，2014（4）：1-3.

[18] 杨明海，荆扬，王艳洁，等.产业技术研究院的建设机制探究——以天津大学产业技术研究院为例 [J].科技管理研究，2013，33（24）：92-94，103.

[19] 朱建军，蔡静雯，刘思峰，等.江苏新型研发机构运行机制及建设策略研究 [J].科技进步与对策，2013，30（14）：36-39.

[20] 高建锋，邓学来，张彦忠.河北省新型研发机构建设研究 [M].石家庄：河北科学技术出版社，2019.

[21] 张光宇，等.新型研发机构研究：学理分析与治理体系 [M].北京：科学出版社，2021.

[22] 冯雪娇，邹慧.江西省新型研发机构建设及运行机制研究 [M].南昌：江西科学技术出版社，2019.

[23] 周恩德.我国新型研发机构演化发展及政策支持研究 [M].合肥：合肥工业大学出版社，2019.

[24] 王鹿. 石药集团抗肿瘤创新药顺铂胶束注射液获批临床 [EB/OL].（2022-04-21）[2022-04-22]. https://www.bjnews.com.cn/detail/1650520675169786.html.

[25] 沧州市科技局. 京津冀再制造产业技术研究院成立运行三年成果斐然 [EB/OL].（2020-12-11）[2022-04-22]. https://kjt.hebei.gov.cn/www/xwzx15/sxkj/cz61/232024/index.html.

[26] 赵家文. 秦皇岛鹰领公司：打造可持续创新能力 [EB/OL].（2016-01-19）[2022-04-22]. http://qhd.hebnews.cn/2016-01-19/content_5293467.htm.

[27] 中华网. 创新让瑞龙插上腾飞的翅膀 [EB/OL].（2021-11-30）[2022-04-22]. https://tech.china.com/article/20211130/112021_938214.html.

附录　兄弟省市新型研发机构

主要政策性文件

A1　广东省科学技术厅关于新型研发机构
管理的暂行办法

第一章　总　　则

第一条　为贯彻落实《中共广东省委、广东省人民政府关于全面深化科技体制改革加快创新驱动发展的决定》（粤发〔2014〕12 号）、《广东省人民政府关于加快科技创新的若干政策意见》（粤府〔2015〕1 号）和《关于支持新型研发机构发展的试行办法》（粤科产学研字〔2015〕69 号）等文件精神，扶持和培育广东省新型研发机构（以下简称"新型研发机构"），规范新型研发机构的管理，促进新型研发机构的健康发展，为完善我省区域创新体系和实施创新驱动发展战略提供有力支撑，制定本办法。

第二条　省级科技管理部门负责研究和起草新型研发机构发展规划和政策；组织开展新型研发机构的申报、评审、管理和监测评估；统筹协调解决新型研发机构发展过程中遇到的重大问题。

第三条　各地级以上市科技管理部门负责本地区新型研发机构的培育、

申请和日常管理工作。

第二章　申报与认定

第四条　新型研发机构一般是指投资主体多元化、建设模式国际化、运行机制市场化、管理制度现代化，具有可持续发展能力，产学研协同创新的独立法人组织。新型研发机构须自主经营、独立核算、面向市场，在科技研发与成果转化、创新创业与孵化育成、人才培养与团队引进等方面特色鲜明，其主要功能包括：

一、开展科技研发。围绕我省重点发展领域的前沿技术、战略性新兴产业关键共性技术、地方支柱产业核心技术等开展研发，解决产业发展中的技术瓶颈，为全省乃至全国创新驱动发展提供支撑。

二、科技成果转化。积极贯彻落实国家和省关于科技成果转化政策，完善成果转化体制机制，构建专业化技术转移体系，加快推动科技成果向市场转化，并结合全省产业发展需求，积极开展各类科技技术服务。

三、科技企业孵化育成。以技术成果为纽带，联合多方资金和团队，积极开展科技型企业的孵化与育成，为地方经济和科技创新发展提供支撑。

四、高端人才集聚和培养。吸引重点发展领域高端人才及团队落户广东，培养和造就具有世界水平的科学家、科技领军人才和创业人才服务地方经济发展。

第五条　申请认定为新型研发机构的单位须具备以下基本条件：

一、具备独立法人资格。申报单位须以独立法人名称进行申报，可以是企业、事业和社团单位等法人组织或机构。

二、在粤注册和运营。注册地在广东，主要办公和科研场所设在广东，具有一定的资产规模和相对稳定的资金来源，注册后运营 1 年以上。

三、具备以下研发条件。

（一）上年度研究开发经费支出占年收入总额比例不低于 30%。

（二）在职研发人员占在职员工总数比例不低于 30%。

（三）具备进行研究、开发和试验所需的科研仪器、设备和固定场地。

四、具备灵活开放的体制机制。

（一）管理制度健全。具有现代的管理体制，拥有明确的人事、薪酬、行政和经费等内部管理制度。

（二）运行机制高效。包括多元化的投入机制、市场化的决策机制、高效率的成果转化机制等。

（三）引人机制灵活。包括市场化的薪酬机制、企业化的收益分配机制、开放型的引人和用人机制等。

五、业务发展方向明确。符合国家和地方经济发展需求，以研发活动为主，具有明确的研发方向和清晰的发展战略，在前沿技术研究、工程技术开发、科技成果转化、创业与孵化育成等方面有鲜明特色。

主要从事生产制造、教学教育、检验检测、园区管理等活动的单位申请原则上不予受理。

第六条　新型研发机构申报认定程序。

1.申报受理。符合申请条件的单位根据每年申报指南，登录广东省科技业务管理阳光政务平台，在规定时间内完成申请书填写、上传有关证明材料和提交申请。

2.主管部门推荐。申报书由各地市科技管理部门（或省直部门）审核后，提交到省级科技管理部门。申报受理后，纸质申报材料须按要求打印并加盖单位公章，送交指定业务受理窗口。

3.形式审查。省科技主管部门委托第三方服务机构对申报材料进行形式审查，符合要求的进入评审论证环节。

4.评审论证。评审论证包括网上评审、书面评价、现场考核和组织论证等多种形式。省级科技管理部门按照有关规定，提出评审标准和要求，委托第三方服务机构组织评审论证。第三方服务机构根据实际情况选择适合的评审方式对申报单位进行评价。

5.结果公示。省级科技管理部门根据评审论证意见，提出认定意见并对认定机构进行公示。

6. 报请审批。通过评审和公示的新型研发机构名单由省级科技管理部门报省政府批准后正式发布。

第七条　对省委省政府重点扶持的机构或我省产业发展急需的机构，可单独组织论证，采取"一事一议"方式进行评价。

第八条　申请认定新型研发机构的单位须提交以下材料：

1. 广东省新型研发机构申请表；

2. 最近一个年度的工作报告；

3. 申报单位的统一社会信用代码证；

4. 申报单位的成立章程；

5. 申报单位的管理制度（包括人才引培、薪酬激励、成果转化、科研项目管理、研发经费核算等）；

6. 上一年度财务报表；

7. 经具有资质的中介机构鉴证的上一个会计年度研究开发费用情况表；

8. 近 3 年立项的国家、省级科研项目清单（包括项目名称、合同金额、项目编号和资助单位情况等）；

9. 近 3 年科技成果转化项目清单，包括项目名称、转化方式、转化收入及相关证明材料；

10. 单价万元以上的科研仪器设备、基础软件、系统软件清单（包括设备名称、数量、原值总价、购置年份等信息）；

11. 其他必要的材料。

第三章　管理与评估

第九条　通过认定的新型研发机构，授予广东省新型研发机构牌匾，自颁发资格之日起有效期为 3 年。从获得新型研发机构资格认定年度起的 3 个自然年，机构有资格享受与新型研发机构有关的政策扶持。

第十条　省级科技管理部门委托第三方中介机构对机构进行动态评估。在新型研发机构资格期满前，比照认定条件对机构进行评估，评估

通过的继续获得 3 年新型研发机构资格；评估不通过的，资格到期自动
失效。

第十一条　申报单位应当如实填写申请材料，对于弄虚作假的行为，
一经查实，3 年内不得申请认定，并纳入社会征信体系黑名单。已通过认定
的机构有效期内如有失信或违法行为，将撤销资格，并追缴其自发生上述
行为起已享受的资金支持和政策优惠。

第十二条　新型研发机构发生名称变更、投资主体变更、重大人员变
动等重大事项变化的，应在事后 3 个月内以书面形式向省级科技管理部门
报告，进行资格核实，有效期不变。如不提出申请或资格核实不通过的，
取消其新型研发机构资格。

第十三条　新型研发机构应在每年 3 月份前按照要求填写上年度研发
和经营活动基本信息，向省级科技管理部门提交上一年度工作总结报告。
汇报机构的建设进展情况、主要数据指标及下年度建设计划等。

第四章　权利与义务

第十四条　通过评审的新型研发机构可享受《广东省人民政府关于加
快科技创新的若干政策意见》（粤府〔2015〕1 号）和《关于支持新型研发
机构发展的试行办法》（粤科产学研字〔2015〕69 号）等文件规定的政策
优惠，可申报新型研发机构省相关扶持资金项目。

第十五条　新型研发机构应严格遵守本办法，配合做好管理和监督，
按要求参加科技统计，如实填报 R&D 经费支出情况。对未参加科技统计的
新型研发机构，将取消其新型研发机构资格。对获得新型研发机构省相关
扶持资金项目支持的项目，应按照省有关经费管理规定使用。

第五章　附　　则

第十六条　本办法适用于经省政府认定的新型研发机构。

第十七条　本办法由省级科技管理部门负责解释。

第十八条　本办法自 2017 年 6 月 6 日起执行，有效期三年。

附件 1：

附表 1-1　广东省新型研发机构评价指标体系

一级指标	二级指标	三级指标
1. 研发条件	1.1 总体建设规模	1.1.1 注册资金（万元）
		1.1.2 职工总人数（人）
		1.1.3 办公和研发场地面积（平方米）
	1.2 研发基础条件	1.2.1 单价万元以上科研设备原值（万元）
		1.2.2 国家级、省级创新平台数量（含重点实验室、工程中心、技术中心等）（个）
2. 体制机制	2.1 明确的发展战略	2.1.1 清晰的发展战略
		2.1.2 明确的研发方向
	2.2 新型的组建方式	2.2.1 投资主体的数量
		2.2.2 新型管理体制
	2.3 市场化的运行机制	2.3.1 人才激励机制
		2.3.2 创新管理机制
		2.3.3 成果转化机制
3. 研发团队	3.1 研发人员规模	3.1.1 研发人员总数（人）
		3.1.2 研发人员占机构总人数的比重（%）
		3.1.3 在职研发人员占全部研发人员的比重（%）
	3.2 研发人员素质	3.2.1 本科及以上学历人员比重（%）
		3.2.2 博士学位或高级职称及以上人员比重（%）
	3.3 高层次创新人才	3.3.1 引进市级以上创新团队数量（个）
		3.3.2 外籍创新人才的数量（人）
		3.3.3 高层次创新人才数量（包括千人计划、长江学者、国家杰青等）（人）

一级指标	二级指标	三级指标
4. 创新活动	4.1 研发投入水平	4.1.1 年研发经费支出总额（万元）
		4.1.2 年研发经费占总收入的比重（%）
	4.2 承担研发项目的能力	4.2.1 近 3 年承担国家级项目数量（项）
		4.2.2 近 3 年承担市级以上科技项目数（项）
		4.2.3 近 3 年承担横向项目的经费总额（万元）
	4.3 研发产出水平	4.3.1 近 3 年被三大国际索引收录的论文发表数量（篇）
		4.3.2 发明专利拥有量（件）
		4.3.3 近 3 年牵头或参与制定省级以上标准数量（个）
		4.3.4 近 3 年获得国家级、省部级科技奖励数量（个）
5. 创新效益	5.1 成果转化效益	5.1.1 年机构总收入（万元）
		5.1.2 近 3 年成果转化收入（万元）
	5.2 创业孵化能力	5.2.1 是否设立产业投资资金
		5.2.2 累计创办企业数量（家）
		5.2.3 累计孵化企业数量（家）
	5.3 服务社会情况	5.3.1 累计服务企业数量（家）
		5.3.2 是否加入产业创新联盟
		5.3.3 是否行业协会会员
		5.3.4 创新发展潜力

附件2：

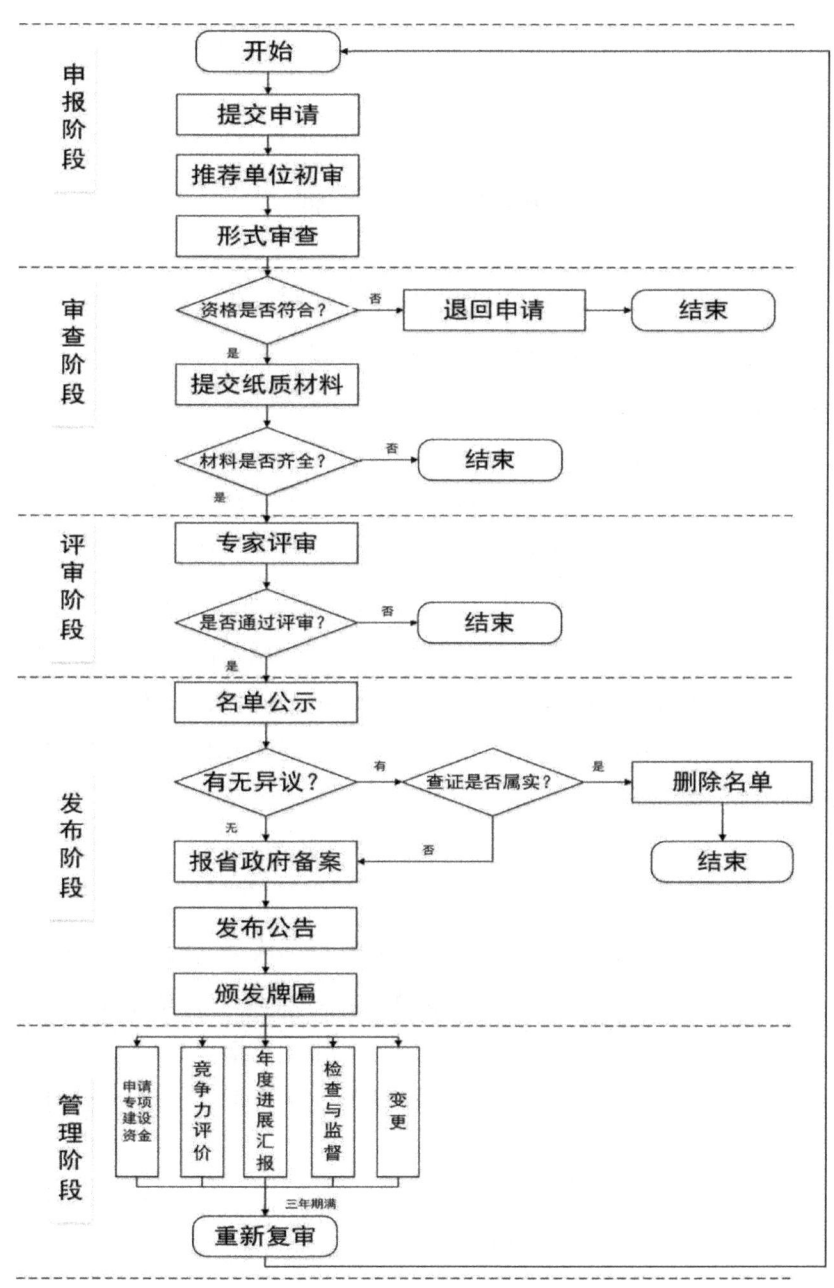

广东省新型研发机构管理流程图

A2　深圳市技术转移和成果转化项目资助管理办法

文号：深科技创新规〔2019〕7号　　信息来源：深圳科技创新委员会

第一章　总　　则

第一条　为了进一步支持科技成果在深圳产业化，促进科技与产业融通发展，规范和加强科技项目管理，根据国家、省、市有关规定，结合实际，制定本办法。

第二条　技术转移和成果转化项目资助工作是深圳市科技计划的组成部分。按照资助对象不同，技术转移和成果转化项目资助主要包括技术合同项目资助和技术转移服务机构培育项目资助两类。市科技行政主管部门根据《深圳市科技研发资金管理办法》（深科技创新规〔2019〕2号）的有关规定，依法使用市科技研发资金对符合本办法规定的《技术合同》中属于技术转让类别的卖方或者属于技术开发、技术服务、技术咨询类别的受托方（以下简称卖方或者受托方），技术转移服务机构以及高等院校设立的创新验证中心予以资助。

第三条　技术转移和成果转化项目资助资金纳入市科技研发资金预算，采取事后补助方式发放。

第四条　市科技行政主管部门是技术转移和成果转化项目资助工作的主管部门，负责编制发布项目资助指南，组织开展项目资助工作的受理、审计、评审、下达资助计划和拨付资金等工作。申请单位依程序向市科技行政主管部门申请项目资助，按照资助条件使用资助资金并承担管理主体责任。

第五条　技术转移和成果转化项目资助工作应当遵循公平公正、竞争择优、透明高效和动态管理的原则组织实施。

第二章　技术合同资助项目

第六条　技术合同资助项目，是指为支持科技成果转化，对《技术合同》的卖方或者受托方，在核定上年度的技术交易收入后予以一定比例资助。

第七条　申请单位申请技术合同资助，应当符合以下条件：

（一）在深圳市或者深汕合作区依法注册，具有独立法人资格的企业、高等院校、科研机构和社会组织；

（二）《技术合同》的卖方或者受托方，《技术合同》包括技术转让、技术开发、技术服务、技术咨询合同；

（三）申请单位签订的《技术合同》应当在上年度经过深圳市技术合同登记机构的认定登记，且未享受过免征流转税优惠政策。多个符合条件的《技术合同》，可以合并申报；

（四）信用记录良好。

第八条　申请单位通过深圳市科技业务管理系统在线填报项目申请书，并向市科技行政主管部门提交以下材料：

（一）通过系统打印已确认填报信息的申请书；

（二）与《技术合同》对应的税务发票以及银行流水账单。

第九条　对符合第七条规定的项目，按不超过申请单位上年度技术交易收入额应纳增值税额的80%予以资助，且不超过其上年度实际缴纳增值税额，最高资助200万元。申请单位上年度技术交易收入额按照上年度技术合同认定登记证明所核定的技术交易额、对应的上年度税务发票金额以及银行流水账单，取最小金额予以确定。

第三章　技术转移服务机构培育资助项目

第十条　技术转移服务机构培育资助项目，是指为引导技术转移市场化、规范化和专业化发展，对提供技术转移服务的技术转移服务机构与提供概念验证服务的创新验证中心予以资助。技术转移服务机构培育资助项目包括高等院校技术转移培育资助和促成技术交易服务资助两个类别。

第十一条　申请单位申请高等院校技术转移培育资助的，应当符合以下条件：

（一）在深圳市或者深汕合作区内依法注册、具有独立法人资格的高等院校，或者由深圳高等院校设立且具有独立法人资格的技术转移服务机构或者创新验证中心；

（二）技术转移服务机构应当在市技术转移促进中心进行备案，且在提出资助申请时仍符合备案要求；

（三）技术转移服务机构或者创新验证中心应当拥有专职的服务工作团队或者专家顾问团队，其团队规模适度和知识结构合理，能够提供专业的技术转移服务；

（四）技术转移服务机构或者创新验证中心应当财务独立核算，具有独立固定办公场所。

第十二条　申请单位通过深圳市科技业务管理系统在线填报项目申请书，并向市科技行政主管部门提交以下材料：

（一）通过系统打印已确认填报信息的申请书；

（二）技术转移服务机构或者创新验证中心法人登记证书或者其他设立文件；

（三）技术转移服务机构或者创新验证中心的专职人员社保清单（连续12个月）、学历和职称证书；

（四）技术转移服务机构或者创新验证中心办公场所的不动产登记证明或者房屋租赁合同；

（五）高等院校上年度投入技术转移服务机构或者创新验证中心的技术转移服务费专项审计报告；属于技术转移服务机构的，还需要提交技术转移管理、考核、收入分配、奖励激励等内部制度文件；属于创新验证中心的，还需要提交以下材料：

1.概念验证项目专家顾问团队的设立文件；创业导师专职人员名单及

简历；

2. 自有种子资金或者可支配孵化资金相关文件；

3. 对外提供概念验证服务、创业孵化服务或投融资服务的案例清单以及相关材料。

第十三条 对符合第十一条规定的项目，按照申请单位上年度投入技术转移服务机构和创新验证中心的技术转移服务费，分别予以等额资助，最高资助 100 万元。

第十四条 申请单位申请促成技术交易服务资助，应当符合以下条件：

（一）在深圳市或者深汕合作区内依法注册、具有独立法人资格的高等院校、企业、科研机构、社会组织等单位；

（二）属于技术转移服务机构的，应当在市技术转移促进中心进行技术转移服务机构备案，且在提出资助申请时仍符合备案要求；上年度有与技术交易双方（至少一方是深圳单位）共同签订三方《技术合同》，并经技术合同登记机构认定登记，且《技术合同》中载有服务机构提供技术转移服务的相应条款；

（三）属于创新验证中心的，应当由高等院校设立；上年度对外实际提供项目概念验证服务，以及后续的创业孵化服务或者投融资服务；

（四）信用记录良好。

第十五条 申请单位需在深圳市科技业务管理系统填报项目申请书，并向市科技行政主管部门提交以下材料：

（一）通过系统打印已确认填报信息的申请书；

（二）与《技术合同》对应的税务发票（包括技术转移服务费用）及银行流水账单。

第十六条 对符合条件的项目，按照申请单位上年度实际技术转移服务收入予以等额资助，最高资助 50 万元。

第十七条 申请单位是高等院校以及由高等院校设立的技术转移服务机构或者创新验证中心的，应当先申请高校技术转移培育资助，在其享受连续三年资助后，方可申请促成技术交易服务资助，且不可再申请高校技术转移培育资助。

第四章　立项和拨付

第十八条　市科技行政主管部门每年公开发布技术转移和成果转化项目申请指南，并通过政务信息共享方式核查申请单位《技术合同》认定登记情况。

第十九条　申请单位应当根据申请指南的步骤和程序，在规定期限内，提出书面申请，并提交相关材料。

第二十条　市科技行政主管部门根据资助申请对申请材料进行核查，通过核查的，按照深圳市科技项目相关规定对资助项目开展专项审计、评审。

第二十一条　市科技行政主管部门根据项目审计情况，按照立项原则提出拟资助项目。

市科技行政主管部门在官方网站将拟资助名单向社会公示 10 日。公示期满后，对无异议或经核查异议不成立的，及时下达资助计划，拨付项目资金。对经核查异议成立的，不予立项。

第五章　监　督　管　理

第二十二条　技术转移和成果转化项目资助资金用于申请单位开展技术转移服务活动所发生的相关支出。

第二十三条　申请单位使用虚假材料或者其他不正当手段骗取、套取专项资金的，一经查实，市科技行政主管部门应当及时撤销立项并向社会公开，依法追回全部资助资金及孳生利息。

市科技行政主管部门将上一款的申请单位和责任人员列入科研诚信异常名录，五年内不受理其申报市科技计划项目。申请单位和责任人员涉嫌犯罪的，依法移送司法机关处理。

第二十四条　市科技行政主管部门应当建立健全技术转移和成果转化项目资助申请、受理、审核、评估的内部监控机制，每年组织对项目资助情况开展定期审核和效能评估。

第六章　附　　则

第二十五条　技术转移和成果转化应当遵守法律法规，维护国家利益，不得损害社会公共利益和他人合法权益；涉及国家安全、国家秘密的，按照有关规定办理。

第二十六条　各区可以根据实际，参照本办法制定实施细则。

第二十七条　本办法自 2019 年 11 月 5 日起施行，有效期五年。

A3　深圳市科技研发资金管理办法

第一章　总　　则

第一条　为了加强深圳市科技研发资金管理，提高财政专项资金使用效益，根据《国务院关于优化科研管理提升科研绩效若干措施的通知》（国发〔2018〕25号）《深圳市人民政府关于加强和改进市级财政科研项目资金管理的实施意见（试行）》（深府规〔2018〕9号）《深圳市人民政府关于印发市级财政专项资金管理办法的通知》（深府规〔2018〕12号）等有关规定，结合实际，制定本办法。

第二条　本办法所称深圳市科技研发资金（以下简称科技研发资金），是指在市级财政专项资金中安排的并且纳入市科技行政主管部门预算，由市科技行政主管部门专项用于基础研究、技术研发、成果产业化以及其他提升科技创新能力等活动的资金，适用于基础研究专项（自然科学基金）、平台和载体专项、人才专项、创新创业专项和协同创新专项等领域。

第三条　科技研发资金管理遵循公正透明、科学规范、注重绩效的原则。

第二章　管理职责及分工

第四条　市科技行政主管部门负责科技研发资金的管理及执行，负责开展以下工作：

（一）制定科技研发资金管理制度，规范审批程序，建立健全内部管理和监督制度；

（二）申请科技研发资金设立、续期、调整和撤销，并按照程序报市财政部门审核；

（三）编制科技研发资金目录、中期财政规划和预算、提出科技研发资金调整意见、执行已批复的科技研发资金预算；

（四）在市级财政专项资金管理系统集中发布科技研发资金管理相关信息，实行科技研发资金项目全周期管理，包括申报指南（通知）发布、项目申报、资金拨付、资金退出等环节；

（五）储备科技研发资金项目，受理和审核具体项目申报，办理资金拨付，组织项目验收、资金追偿，跟踪、检查科技研发资金的使用和项目实施情况，组织实施科技研发资金监督和绩效评价工作，并且配合市财政部门开展政策和项目重点绩效评价和再评价；

（六）加强对第三方评审机构和有关科技服务机构的监督，依法制定相应惩戒措施；

（七）按照政府信息公开的要求，依法开展科技研发资金信息公开工作；

（八）职能范围内的其他工作事项。

第五条　市财政部门负责开展以下工作：

（一）配合市科技行政主管部门制定科技研发资金管理办法；

（二）审核科技研发资金的设立、续期、调整和撤销，按照程序报市政府审批；

（三）依法依规组织开展科技研发资金预决算、中期财政规划工作，统筹安排科技研发资金预算规模，做好科技研发资金的整体调度；

（四）审核按规定提交的科技研发资金绩效评价报告，适时组织开展科技研发资金政策和项目重点绩效评价工作；

（五）职能范围内的其他工作事项。

第六条　项目承担单位是科技研发资金的使用单位和项目管理的责任主体，应当建立健全科技研发资金内部管理制度，明确职责分工、支出标准和工作流程，履行资金使用管理职责。项目承担单位应当履行以下责任：

（一）按照规定申报项目，编制项目预算，并且对资金项目申报材料的真实性、完整性、有效性和合法性承担责任；

（二）建立健全内部风险防控机制和资金使用绩效评价制度，科学制定项目绩效目标，及时开展绩效自评，保障资金使用安全规范有效；

（三）按照规定和要求实施项目，落实批准的项目预算中的自筹经费，对资金进行管理和会计核算；

（四）积极配合市科技行政主管部门、市财政部门、审计监督部门、纪检监察部门以及其他监督机构及其授权委托机构的监督检查，按照要求提供项目预算执行情况的报告、有关报表、科技报告等相关材料；

（五）落实市科技行政主管部门、市财政部门的其他相关工作要求。

第三章　支持对象和方式

第七条　科技研发资金主要支持以下对象或者项目：

（一）科技创新理论、战略、路径与方法研究；

（二）基础自然科学研究、前沿技术应用研究、社会公益性科技研究；

（三）高新技术产业、战略性新兴产业技术创新，基础研究、应用研究和试验发展等研发活动；

（四）高新技术产业、战略性新兴产业的科技成果产业化和技术转移；

（五）科技基础设施配套及重大科技专项研发；

（六）自主创新基础能力建设；

（七）创新、创业、创客等相关的研发活动；

（八）鼓励企业、社会组织设立科研基金会，通过接受社会捐赠、设立联合基金等方式筹集基础研究经费，引导大型企业、民间资本投向基础研究领域；

（九）与增强深圳城市科技创新能力与可持续发展相关的其他活动。

第八条　市科技行政主管部门建立稳定支持与竞争择优相结合、事前与事后相结合、政府引导与市场作用相结合，符合科技发展规律的本市科技研发资金投入机制，推动科技创新资源的优化配置和高效利用。对于特别优秀的项目，可给予持续性支持。

科技研发资金资助主要包括以下方式：

（一）事前资助，即项目申请单位在项目立项后完成前，获得科技研发资金资助，按照项目合同书或者任务书要求使用资金；

（二）事后补助，即项目申请单位已先行投入资金开展工作，市科技行政主管部门对其研发费用、绩效进行审计或评估，并给予财政资金相应补助；

（三）奖励补助，即对项目申请单位已经完成的研发工作、获得的科研成果或达到的技术水平，对其进行审核或认可，给予奖励补助；对项目申请单位获得国家、省科技计划资助或国家级科技奖励，给予奖励或配套补助；对符合条件的创业资助项目给予创业补贴；

（四）市政府批准的其他方式。

市科技行政主管部门可以根据科技研发资金使用评估结果，报经市政府批准，对科技研发资金投入方式适时作出调整。

第九条　申请科技研发资金应当具备下列基本条件：

（一）项目申请单位应当是在深圳市依法注册，具备法人资格的企业、高等院校、科研机构和社会组织等机构，或者是经市政府批准的其他机构；

（二）项目申请单位具有项目实施的基础条件和保障能力，诚信守法，具有良好的商业信誉、健全的组织机构、完善的财务会计制度；

（三）项目负责人应当具有完成项目所需的专业技术能力和组织管理协调能力；

（四）项目申请单位和项目负责人在申请项目时未列入深圳市相关部门诚信异常名录。

申请的市科技计划类别对申请条件有具体规定的，申请人应当符合该类别项目的具体要求。

第四章　预　算　编　制

第十条　市科技行政主管部门根据《中华人民共和国预算法》的预算

编制流程和要求编制年度专项资金预算，并且同步纳入部门预算编报。市
科技行政主管部门发布目录清单、申报指南应与科技研发资金年度预算编
制做好衔接。

第十一条　专项资金预算编制必须坚持专项管理，专款专用、厉行节
约、统筹协调的原则。

第十二条　项目资金预算包括资金来源预算与支出预算两部分，事前
资助的项目预算按以下要求编制：

（一）来源预算总金额须与支出预算总金额相等；

（二）支出预算科目主要分为直接费用和间接费用两类（详见附件）。

市政府、市科技行政主管部门、市财政部门可根据实际需要，对支出
预算科目等另行调整。

第十三条　项目总经费包括市级财政资金、单位自筹资金以及银行贷
款等第三方资金。

对于经费来源主要为财政的高校、科研机构以及民间非营利组织，项
目经费自筹部分不设强制性要求，市政府或者相关部门另有文件规定的，
从其规定。

鼓励项目承担单位先行投入项目研发，可追溯确认前期预研和筹备的
经费投入，作为项目承担单位自筹部分确定项目预算，追溯期从项目申报
之日起最长不超过6个月。

第十四条　按照规范的支出科目分不同经费来源编列。对各项支出的
主要用途和测算理由等进行详细说明。探索开展项目经费使用"包干制"
改革试点，不设科目比例限制，科研团队在符合下列使用要求范围内，可
以自主决定使用设备费用、人力资源、绩效支出等费用：

（一）科研团队应当合理设置设备费在财政资助资金中的占比，项目
承担单位在提供可支持科研活动的项目设备证明后，已有设备可按现值和
在项目中的使用率计入自筹经费。同一项目设备可以用于不同科技专项，
但不能重复计入不同项目经费。对单项20万元以上设备仪器和软件的购
置费应单独列示。

（二）财政性资金占单位总收入低于 50% 的项目承担单位，其自有资金超过项目总预算 50% 的项目，可以参照市统计部门公布的同类人员工资水平，列支人员费，使用财政科研经费的"人员费"资助项目承担单位人员工资性开支。其他单位不得在科技专项经费中使用财政资金开支人员工资和福利。

劳务费不设统一比例限制，由项目承担单位和科研人员据实编制，参与项目研究的研究生、博士后、访问学者以及项目聘用的研究人员、科研辅助人员等，均可以开支劳务费，同时将其"五险一金"纳入劳务费科目列支。

（三）绩效支出安排与科研人员在项目工作中的实际贡献挂钩，适当向一线科研人员倾斜；科研绩效支出不单设比例限制，绩效支出纳入单位奖励性绩效单列管理，不计入单位绩效工资总量调控基数；绩效支出只能用于项目组成员，不得截留、挪用、挤占。

第十五条　项目预算应当由申报单位的法定代表人、申报项目负责人和申报单位财务负责人共同确认。多个单位共同申请一个项目的，应当明确一个牵头申报单位，并且编列各单位承担的主要任务、经费预算等，并由各单位相关负责人确认。

第十六条　在项目总投入不减少的前提下，除设备费外，预算科目调剂权限下放在项目单位，项目单位可根据项目开展实际需求调整并报市科技行政主管部门备案。在不超过设备费预算30%的额度内且不改变设备品目的，项目单位可根据实际设备需求自行调整设备费，并报市科技行政主管部门备案。

第五章　资金管理方式

第十七条　各类资助方式的资金使用应当符合下列要求：

（一）事前资助项目，在批准立项后由市科技行政主管部门与项目承担单位签订资金使用合同或任务书。合同或任务书条款及有效附件中应包括项目资金绩效目标、指标与项目资金支出预算、资金使用计划等；对于需政府采购的项目承担单位，应另行按要求编制政府采购计划。

（二）事后补助、奖励类项目，无须签订合同或任务书，由项目承担单位统筹用于本单位研发活动。

（三）对于自筹资金充裕的技术攻关项目承担单位，可选择"事前立项、事后补助"方式，申请单位立项后先利用自筹资金进行项目研发，市科技行政主管部门在验收通过后可一次性拨付不限定用途的立项补助资金。

第十八条　市科技行政主管部门根据批准的项目资助计划文件，按照国库集中支付有关规定拨付项目资金；对符合国家、省、市关于科研项目资金认定条件的项目资金，按规定拨付到项目承担单位基本户或其自行指定的结算户，对于联合申报的项目，资金拨付至牵头单位，应当按照下列要求操作：

（一）项目资金拨付前，市科技行政主管部门如发现项目承担单位存在影响项目执行、影响财政资金安全的经营异常或者银行账户冻结等异常情况的，可暂缓拨付资金。

（二）在项目完成审核立项、签订合同的前提下，项目承担单位可以根据项目重要程度、资金需求紧迫性等提出申请，市科技行政主管部门审核同意后，市科技行政主管部门可在部门预算批复前，在市财政部门提前预下达指标规模内预拨项目资金，确保科研任务顺利实施。

（三）对于事前资助类项目，属于资助金额 100 万元以下的项目，可以采用简化拨款流程，立项后由市科技行政主管部门一次性拨付资助资金。

属于资助金额 100 万元以上的项目，项目单位为企业的，在确保专账核算和专款专用的基础上，项目立项后拨付市财政资助金额的 50%，按任务目标完成度进行项目监理，通过中期评估后再支付剩余部分，不再实行科研经费科目用款控制；对于其他项目单位，由市科技行政主管部门按照国库集中支付要求，按计划按进度拨付资助资金。

（四）对于事后补助、奖励类项目，由市科技行政主管部门一次性拨付资助资金。

市科技行政主管部门、市财政部门可根据实际需要，对资助资金的拨付方式另行规定。

第十九条　项目承担单位应当将拨入基本户或者其自行指定的结算户的资金使用情况按照市科技行政主管部门要求备案，同时符合下列要求：

（一）建立和完善内部控制制度，严格按相关会计准则进行核算，项目承担单位应当设立专账进行财务核算，对其中的财政资助经费和自筹经费分别单独核算，并且自觉接受有关监督检查；

（二）基于市科技研发资金而购置的大型科学仪器设备，形成的科学数据、自然科技资源、科技报告等资源，应当按照有关规定开放共享，提高资源利用效率；

（三）科技研发资金通过项目经费的形式支持项目承担单位科技研发及创新、创业活动的，项目承担单位不得用于基本建设投资。

第二十条　结余资金按照下列方式处理：

（一）一次性通过验收的项目，结余资金和孳生利息留归项目承担单位使用，统筹安排用于科研活动的直接支出；

（二）验收结论为结题、经复议后结论为通过的项目，项目承担单位退回结余资金和孳生利息，提交退款凭证，未按要求退回的，由市科技行政主管部门负责追回；市科技行政主管部门继续受理该单位资助申请；

（三）验收结论为不通过的项目，除项目承担单位退回结余资金和孳生利息、提交退款凭证外，市科技行政主管部门视情况追缴前期已使用资金；具体追缴方式由市科技行政主管部门另行制定；

（四）项目承担单位申请撤销项目的，退回全部资助资金和孳生利息，提交退款凭证，市科技行政主管部门继续受理该单位资助申请；

（五）市科技行政主管部门终止的项目视作该项目验收不通过，按程序停止后续拨款，除追缴未使用的项目资金及孳生利息外，视情况追缴前期已使用资金。

第二十一条　市属高校、科研院所、新型科研机构经费使用应当符合下列具体要求：

（一）市属高校、科研院所、新型科研机构应建立健全内部控制和监督约束机制，规范科研经费使用管理；

（二）市属高校、科研院所、新型科研机构直接费用由项目负责人支配，间接费用由项目承担单位统筹；

（三）市属高校、科研院所可根据教学、科研、管理工作实际需要，研究制定差旅费、会议费和绩效费用等管理制度；

（四）市属高校、科研院所可制定简化科研仪器设备采购流程制度，并切实做好设备采购的监督管理，做到全程公开、透明、可追溯；

（五）市属高校、科研院所野外考察、邀请外国专家来深交流等确无法取得报销凭证的，应制定符合实际的内部报销规定，在确保真实性的前提下，可凭项目负责人签名按规定程序据实列支；

（六）市属高校、科研院所引进全时全职承担任务的团队负责人（首席科学家、技术总师）以及高端人才，可以实行"一项一策""清单式"管理和年薪制，项目范围、年薪制具体操作制度按照国家、省、市相关规定执行，并报市科技行政主管部门和市财政部门。

第六章 绩 效 管 理

第二十二条　市科技行政主管部门在部门预算编制阶段编报资金绩效目标，绩效目标作为资金预算执行、项目运行跟踪监控和绩效评价的依据。

第二十三条　市科技行政主管部门对资金和项目情况实施跟踪监控，发现与原定绩效目标发生偏离，应当及时提出针对性的整改意见或采取处理措施。

第二十四条　项目承担单位应当根据市科技行政主管部门要求提供项目经费使用情况和资金绩效总结报告等材料。市科技行政主管部门视情形委托具有资质的专业服务机构对项目资金管理和使用情况实施评估。市科技行政主管部门负责建立项目经费支出绩效评价制度，定期对扶持政策和项目开展绩效评价。评价结果作为项目承担单位后续支持、扶持政策调整和预算安排的重要依据。

第七章　监督与责任

第二十五条　申报单位通过使用虚假材料或者采取其他不正当手段骗取、套取专项资金的，由市科技行政主管部门追回全部资助资金及孳生利息，并按照市政府失信联合惩戒有关规定予以处理，涉嫌犯罪的，依法移送司法机关处理。

第二十六条　市科技行政主管部门和市财政部门及其工作人员在科技研发资金管理中，存在违反本办法规定的行为，以及其他滥用职权、玩忽职守、徇私舞弊等违法违规行为的，依法追究相应责任；涉嫌犯罪的，依法移送司法机关处理。

第八章　附　　则

第二十七条　本办法自 2019 年 8 月 1 日起施行，有效期 5 年。《深圳市科技研发资金管理办法》（深财科〔2012〕168 号）同时废止。本办法实施前已立项尚未处理完毕的市科技计划项目的资金管理按照本办法执行。

附件：
项目资金预算中支出预算的具体科目

一、直接费用

直接费用是指在研究开发过程中发生的与之直接相关的费用，包括设备费、科研材料及事务费、人力资源费、其他费用等四项，具体包括下列方面：

（一）设备费：在项目研究开发过程中购置或试制专用仪器设备，对现有仪器设备进行升级改造，以及租赁外单位仪器设备而发生的费用；

（二）科研材料及事务费包括：材料费、测试化验加工费、燃料动力费、出版／文献／信息传播／知识产权事务费等；

（三）人力资源费包括：人员费、劳务费、专家咨询费等；

（四）其他费用包括：差旅费、会议费、国际合作与交流费等其他费用。对于市财政资助 1000 万元以下的项目，项目预算只要求编列一级预算编制科目，"其他费用"不超过项目经费总金额 30% 的，预算编制时不需提供测算依据。

二、间接费用

间接费用是指项目承担单位在组织实施科研活动过程中发生的无法在直接费用中列支的相关费用，包括单位水电暖等消耗、管理费用、绩效支出等三项。事前资助类项目均需设立间接费用。

A4　深圳市南山区自主创新产业发展专项资金
——科技创新分项资金新型研发机构建设支持计划操作规程

一、政策内容

南山区新型研发机构建设支持计划是南山区提升创新能力支持计划的一部分，计划制定的目的是通过支持新型研发机构的建设和发展，提升南山区自主创新能力、加快科技成果转化、培育孵化科技型创新企业，为南山打造国际科技创新中心提供能力支撑。计划支持内容为新型研发机构初创期建设补贴。补贴用于新型研发机构的设备购置、场地租用、研发人员费用，按实际发生的费用补贴。支持总额不超过 1000 万元，其中经广东省或深圳市认定的在南山区内新建设的新型研发机构按获得省或市初创期建设补贴的 50% 给予支持且总额不超过 300 万元。单个机构只能获得一次补贴。

二、设定依据

1.《南山区自主创新产业发展专项资金管理办法（试行）》
2.《南山区自主创新产业发展专项资金科技创新分项资金实施细则（试行）》

三、申报对象和条件

申报对象：
在南山区新建设的新型研发机构。新型研发机构是指投资主体多元化，建设模式国际化，运行机制市场化，管理制度现代化，创新创业与孵化育成相结合，产学研紧密结合的独立法人组织。新型研发机构是区域创新体

系的重要组成部分，是加快创新驱动发展的重要生力军。新型研发机构的
建设方式包括：

1. 经广东省或深圳市认定的在南山区内新建设的新型研发机构（在
《南山区自主创新产业发展专项资金科技创新分项资金实施细则》发布之后
认定）；

2. 新建设的研发机构（在 2016 年 1 月 1 日之后建设）：

（1）各级政府（国家、省、市、区）和其他企、事业单位或组织合作
建设落户在南山的研发机构；

（2）国家级研发机构、央企在南山区单独设立或和其他企、事业单位
或组织合作建设的研发机构；

（3）境外世界 500 强企业（以上一年度《财富》世界 500 强排行榜为
准）、中国 500 强企业（以上一年度中国企业联合会发布中国 500 强排行
榜为准）在南山区单独设立或和其他企、事业单位或组织合作建设的研发
机构；

（4）南山区内年销售收入 100 亿元（含）以上的大型骨干企业在区内
单独设立或和其他企、事业单位或组织合作建设的研发机构；

（5）南山区内高校、科研机构在区内和其他企、事业单位或组织合作
建设的研发机构；

（6）按照世界公认排名方式，综合排名 60 名以内（以最新的 US News
Best Global Universities Rankings 或 QS World University Rankings 或 Times
Higher Education World University Rankings 为准）的境外著名高校在区内单
独设立或和其他企、事业单位或组织合作建设的研发机构。

申报条件：

1. 应具备独立法人资格。申报单位必须为具有独立法人的企业、事业
单位、民办非企业单位等组织或机构。

2. 在南山区注册和设立。申报单位注册地应为南山区，主要办公和科
研场所设在南山区，具有一定的规模和相对稳定的资金来源。

3. 研发经费投入强度较高。注册满一年的申报单位上年度研究开发

经费支出不低于年收入总额的 10% ；申报单位为新成立（注册不满一年）的，注册资金实缴应不少于 500 万元。

4. 研发基础条件扎实。申报单位应有研究、开发和试验所需要的仪器、装备和场所等基础设施。其中，办公和科研场所应不少于 500 平方米；用于研究开发的仪器设备和计算机、通讯软硬件设施原值不低于 300 万元。

5. 研发人员充足。申报单位研发人员占职工总人数比例达到 30% 以上，博士学位或副高级职称以上人员应达到职工总数的 5% 以上。

6. 管理体制机制创新。申报单位应面向产业科技创新和按照市场规律制定新型管理体制和运行机制，机构能良性运作和发展，有规范的科研管理制度，科研项目经费实行专账管理，研发经费独立核算。

以上条件符合情况以提供的专项审计报告内容为准。

四、资助方式

本资助计划属核准类，采取无偿资助方式，实行单位申报、材料审核、政府决策、社会公示的原则。

五、办理流程

1. 申报单位登陆南山区产业发展综合服务平台，网上提交项目申报材料；

2. 区科技行政主管部门审核项目申报材料；

3. 区科技行政主管部门拟定资助计划；

4. 上报专项资金领导小组审定；

5. 拟资助项目公示 5 个工作日；

6. 下达项目资金资助计划；

7. 拨付资助经费。

六、所需材料

1. 登录南山区产业发展综合服务平台（网址：http://sfms.szns.gov.cn/），在线填写《南山区自主创新产业发展专项资金——科技创新分项资金新型研发机构建设支持计划项目申请书》；

2. 营业执照（三证合一新版，未换领三证合一新版营业执照的，提交原旧版营业执照、组织机构代码证书、税务登记证书）（原件彩色扫描上传）、法定代表人身份证的复印件；

3. 上年度及本年度至申报月期间的国地税完税证明（事业单位除外）；

4. 如申请单位为经广东省或深圳市认定的在南山区内新建设的新型研发机构（在《南山区自主创新产业发展专项资金科技创新分项资金实施细则》发布之后认定），则提供认定证书复印件（验原件）及省或市资助金额证明材料（立项文件、拨款凭证）；否则，提供以下材料：

（1）申请单位针对本研究的专项审计报告（内容应包括对与本研究申报条件相关的所有指标进行审计，且出具方必须为南山区审计局指定的合资格的审计机构）。研发经费核算和补贴仅限新型研发机构本身，不含孵化企业、参股公司；

（2）新型研发机构建设方案（规划）；

（3）新型研发机构制定的管理章程；

（4）合作单位的协议书或与各级政府签订的共建协议书。属企业独立举办的具独立法人资格的新型研发机构，需有董事会或总经理办公会关于建设该新型研发机构的决议；

（5）购置仪器设备的相关购置和完税票据；场地租用的相关合同、支付房租凭证及完税票据；人员社保证明、费用的支付凭证及完税票据；

（6）证明申报单位研发人员占职工总人数比例达到30%以上，博士学位或副高级职称以上人员应达到职工总数的5%以上的相关材料；

（7）其他佐证材料。

以上材料按照要求在线填写或采用附件形式在线提交，接到递交纸质材料通知后将上述材料按顺序装订，一式一份，A4 纸正反面打印 / 复印，非空白页（含封面）需连续编写页码，装订成册（胶装）提交。

七、申报时间和办理时限

以发布的申报通知为准。

资助计划下达 1 个月内受资助单位须办理资金拨付手续，逾期不办理者视为自动放弃。

八、附则

本计划责任部门为南山区科技创新局，本操作规程由其负责解释，自发布之日起施行。

A5　南京市关于新型研发机构的建设管理办法

第一章　总　　则

第一条　依据宁委发〔2018〕1号第三条、第七条、第八条和宁委发〔2019〕1号第七条、第八条、第九条、第十三条规定，特制定本办法。

第二条　市科技局会同市相关部门统筹全市新型研发机构规划、备案和绩效考核等工作。各区（园区）是本区域新型研发机构的主管部门，负责本区域新型研发机构的建设、日常管理和服务。

第二章　建设与备案

第三条　本办法所称的新型研发机构，主要是指围绕我市主导产业和未来产业规划布局，以产业技术创新为主要任务，多元化投资、市场化运行、现代化管理且具有可持续发展能力的独立法人组织。其主要功能为：

（一）开展技术研发。开展关键共性技术、主导产业核心技术研发，解决产业发展中的技术瓶颈；

（二）孵化科技企业。以技术成果为纽带，联合产业基金和社会资本，积极开展科技型企业的孵化和育成；

（三）转化科技成果。构建专业化技术转移体系，完善成果转化体制机制，开展技术服务，推动科技成果向市场转化；

（四）集聚高端人才。吸引高端人才团队在我市创新创业，培养和造就具有世界水平的科学家、科技领军人才和创新创业人才。

第四条　新型研发机构实行常年分批备案，新型研发机构备案应具备以下条件：

（一）新型研发机构应在我市注册成立独立法人运营公司；

（二）运营公司应为多元投资的混合所有制企业，原则上人才团队持有

50% 以上股份，各投资方应以货币形式出资，且注册资金不少于 300 万元，可 3 年内到位。当前参与持股的团队人数不少于 5 人，承诺未来 3 年内团队持股人员不少于 15 人、核心科技人员个人持股比例原则上不超过总股本的 15%；

（三）依托国内知名高校院所行业龙头企业国家级科研平台，或境外知名高校院所、知名跨国公司等高水平研发平台，具有稳定的科研成果来源。原则上一个国内国家级科研平台或境外高水平研发平台只参与一家新型研发机构建设。鼓励平台团队骨干成员持有机构股权，持股人数应不少于 2 人；

（四）机构应设立专职研发人员，3 年内专职研发人员占比达到 30%；

（五）具有与发展相适应的研发设备和场所且有实质的研发活动开展。承诺 3 年内累计投入不少于 3000 万元，包括已发生研发费用、自有和租赁或委托管理等可支配使用的仪器设备原值、房屋装修及租赁费等，其中已发生研发费用、自有和租赁或委托管理等可支配使用的仪器设备原值不少于 2000 万元。鼓励另设立不低于 1000 万元的专项资金，支持拟备案机构引进项目；

（六）已有在孵在培企业，并承诺未来五年内自主孵化和外部引进科技型企业不少于 30 家，3 年后每年的纵向、横向合同科技服务到账收入合计不少于 200 万元；

（七）支持龙头企业牵头建设新型研发机构，各参与方协商确定持股比例。

第五条　符合本办法第四条第一、第二、第三款，并具有切实可行的建设方案，包括建设规划、发展定位、研究方向、阶段性目标及合理经费预算等条件的新型研发机构，纳入市级新型研发机构培育库。

第六条　符合本办法第四条条件的新型研发机构，由区（园区）组织新型研发机构申请备案，申请备案程序为：

（一）机构提出申请，区（园区）科技局审核推荐；

（二）市科技局组织专家评审考察，提出拟备案机构名单，经市委、市政府审定后予以公布。

对市委、市政府重点扶持的机构或我市产业发展急需的机构，采取
"一事一议"方式进行评价。

第三章　政　策　支　持

第七条　鼓励新型研发机构建立人才（团队）持有多数股份，政府科
技创新基金、投资平台和社会资本等多方参股的股权结构，政府股权收益
部分不低于 30% 奖励高校院所，政府科技创新基金、投资平台所占股权可
按协议约定转让。

第八条　支持新型研发机构引进高水平技术和管理人才，加大高层次
人才激励力度，对备案新型研发机构年薪收入在 50 万元以上的相关人员，
根据其对本市经济贡献给予奖补。支持新型研发机构聘请职业经理人，对
被聘用的职业经理人，根据绩效由国有平台持股部分产生的效益进行奖励，
最高不超过 50 万元。

第九条　备案新型研发机构落地在高新区范围内的，土地出让起始价
可按不低于区域科研基准地价的 20% 执行（但不得低于相应《全国工业用
地出让最低价标准》）；允许高校利用存量土地新建新型研发机构，土地性
质不变；落地在高校周边的，可按不低于区域科研基准地价的 50% 执行；
利用存量工业厂房的，可按原用途使用 5 年,5 年过渡期满后，经评估认定，
可再延续 5 年。

第十条　备案新型研发机构可统筹配建不超过项目总建筑面积 15% 的
配套服务设施，配套服务设施按主用途供地。

第十一条　备案新型研发机构中符合相关规定的人才可享受相应的人
才安居政策。

第十二条　支持新型研发机构设立创投基金、支持孵化企业开展生
产经营活动，支持新型研发机构与专业技术交易平台结合，促进科技成果
转化。

第十三条 支持新型研发机构与依托单位优势学科建立紧密合作关系，提升应用基础研发能力和技术源头供给，使其成为人才实训基地、成果转化重要平台。

第十四条 支持新型研发机构设立院士工作站，开展关键核心技术攻关。

第十五条 对符合军民融合发展方向的新型研发机构，在项目落地及备案审批方面给予优先支持。

第十六条 支持新型研发机构紧扣产业地标等重点方向，组建环保等专业领域产业技术研究院，组织共性技术攻关和产业战略咨询，建设公共技术服务平台、工程化研究平台和概念验证中心等，根据年度绩效评价，市财政最高给予500万元支持。

第十七条 支持备案新型研发机构加入国际科学研究、国际产业技术研发、国际标准制定等国际组织，对在宁举办国际组织的高水平学术研讨活动，最高一次性给予50万元补助，定期或永久在宁举办的，3年内可每届给予经费支出30%、最高50万元补助；对承担创新类国际组织委员会秘书处、分技术委员会秘书处及工作组工作的新型研发机构，经认定可分别最高一次性给予100万元、80万元和50万元资助。

第十八条 对纳入备案管理的新型研发机构，将给予授牌，市财政将一次性给予每家50万元的平台资金补助。对备案新型研发机构的发展情况进行年度绩效评估，重点评价科技型企业和高新技术企业孵化培育情况、研发服务成效和技术转移成交量等，市财政按绩效择优给予每家最高500万元奖励。

第四章 管理与评估

第十九条 市科技局负责组织专家对备案新型研发机构年度发展情况进行绩效评估，并结合评估结果动态管理。主要评估内容为：

（一）孵化、引进科技型企业和高新技术企业数量和质量等情况；

（二）研发服务成效和技术转移成交量等情况，知识产权申请及授权等情况；

（三）自主或委托其他机构开展所属领域前瞻性技术项目所需的研发费用支出等情况；

（四）新型研发机构设立基金、投资等情况；

（五）高层次人才引进与团队建设情况；

（六）中试研发平台建设、产业战略研究、技术转移能力提升、国际科技合作交流等情况；

（七）体制机制创新、日常管理运行、文化环境完善等情况；

（八）特色工作开展情况。

第二十条　区（园区）应及时了解掌握新型研发机构发展情况，建立相关台账，加强资金使用监管和试验安全管理，协调解决新型研发机构建设与发展中的问题。

第二十一条　新型研发机构发生名称变更、股权结构变更、重大人员变动等重大事项的，机构应及时提出书面报告，经区（园区）主管部门审查并签署意见后报市科技局。

第二十二条　新型研发机构应按要求参加统计调查，报送有关工作计划与总结、财务报告数据等材料，报送的材料与数据应真实有效，区（园区）负责对新型研发机构报出数据审核把关。

第五章　附　则

第二十三条　本办法自发布之日起实施。

A6　中共南京市委、南京市人民政府印发《关于进一步深化创新名城建设加快提升产业基础能力和产业链水平的若干政策措施》的通知

（宁委发〔2020〕1号）

各区委和人民政府，市委各部委，市府各委办局，市各直属单位：

现将《关于进一步深化创新名城建设加快提升产业基础能力和产业链水平的若干政策措施》印发给你们，请认真贯彻执行。

中共南京市委

南京市人民政府

2020年1月1日

关于进一步深化创新名城建设加快提升产业基础能力和产业链水平的若干政策措施

为贯彻习近平新时代中国特色社会主义思想，落实中央和省委、市委决策部署，打好产业基础高级化、产业链现代化的攻坚战，深入实施创新驱动发展"121"战略，以改革为动力，加快构建具有国际竞争力的区域创新体系，在继续执行《关于建设具有全球影响力创新名城的若干政策措施》（宁委发〔2018〕1号）和《关于深化创新名城建设提升创新首位度的若干政策措施》（宁委发〔2019〕1号）基础上，制定如下政策措施。

一、完善科创企业森林成长机制

1.促进高成长科技企业发展。支持高新技术企业上规升级，对高新技

术企业中新增的规模以上企业，其本年度对地方经济发展新增贡献部分的
50% 奖励给该企业，支持其开展研发活动，奖励期限三年。实施"专精特
新""单项冠军"企业培育计划，纳入市对区、部门考核。建立独角兽企业
和瞪羚企业培育库，采取"一企一策"方式支持企业发展上市和并购。引
导支持融资担保公司优先为高成长科技型企业提供担保。

2. 促进科技型中小企业持续涌现。优化新型研发机构评价标准，强化
第三方论证评估，突出分档培育、分类考核，进一步集聚高端创新要素。
新型研发机构、众创空间、科技企业孵化器等双创载体孵化的企业，在孵
一年以上、五年内成长为瞪羚企业或独角兽企业的，按每家企业最高 50 万
元标准奖励双创载体用于能力提升。在若干行业领域推动建立专业孵化器
联盟。强化创业天使投资基金对大学生创业的持续支持。对企业所得税实
行核定征收的科技型中小企业，其应税所得率按国家税务总局规定标准的
最低限执行。对有特殊困难，不能按期缴纳税款且符合税法规定条件的科
技型中小企业，经税务机关批准可以延期缴纳税款。

3. 促进大中小企业融通发展。鼓励产业资源并购重组，对有并购需求
的企业，加大政府投资基金支持力度。鼓励行业龙头企业平台化发展，支
持其面向新兴产业成立新型研发机构和专业孵化器。发展供应链金融，鼓
励大型骨干企业设立财务公司，为上下游企业提供低成本融资服务。鼓励
供应链核心企业与银行等金融机构加强合作，运用区块链等新技术，为上
下游企业增信或向银行提供有效信息，实现全产业链协同发展。拓展创新
券购买服务范围，支持龙头企业向中小企业开放科研设施与仪器设备。

二、完善产业基础能力提升机制

4. 强化关键核心技术攻关。围绕主导产业核心基础零部件、关键基础
材料、先进基础工艺与基础软件等领域短板，支持产业技术创新战略联盟
以课题制形式，组织上下游企业、高校院所开展联合攻关；建立主导产业
技术攻关"揭榜制"，制定发布攻关榜单，鼓励企事业单位揭榜攻关，按项

目总投入的 10%～30%、最高 2000 万元给予支持。强化目标导向类的基础科学研究，围绕前沿性、颠覆性、交叉学科等技术领域，探索实行首席科学家负责制、项目非常规评审评价制和经费使用"包干制"等，进一步提升关键核心技术源头供给能力。

5. 强化产业重大创新平台建设。聚焦"4+4+1"主导产业方向，高质量建设地标产业创新中心，积极争创国家产业创新中心、国家制造业创新中心、国家技术创新中心；对国家重大科技基础设施等重大平台在宁布局落地的，实行"一事一议"，由政府牵头落实最高 50 亿元支持；支持紫金山实验室争创国家实验室，探索优化重大项目形成机制和阶段性评价机制等；支持扬子江生态文明创新中心实质化运行，支撑产业绿色发展，争创国家技术创新中心；支持中科院麒麟区域创新高地、栖霞智谷建设，进一步集聚高端创新资源。

6. 强化产业技术标准引领。编制实施标准化战略规划。鼓励龙头企业牵头成立产业链标准联盟。支持设计、制造、检测、产品等产业技术标准研制，对制（修）订且经批准发布的国际标准、国家标准的主要起草单位，分别给予最高 100 万元、50 万元一次性奖励，同一企业同一年度奖励金额最高 200 万元。支持国家产业化标准化示范区、国家技术标准创新基地、国家产业计量测试中心建设，按绩效给予年度最高 200 万元、累计最高 500 万元奖励。完善质量奖励评价制度，优化南京市市长质量奖。在自贸试验区南京片区探索将质量、标准相关费用视同企业研发费用，享受税前加计扣除优惠政策。实施国际品牌培育专项行动。

三、完善产业链协同创新机制

7. 聚焦产业薄弱环节补链。引导各区主导产业再聚焦，给予土地、资金等"一区一策"支持。制定完善产业"双招双引"目录，将产业链招商绩效纳入招商引资工作专项考核。引进和培育主导产业的创新型平台型企业，出台支持创新型平台型企业发展扶持政策。支持企业加大产业链薄弱环节技术装备投入，对规模以下企业按投入总额 5% 给予奖补，待企业 1 年内升为规模以上企业后再奖补 5%；对符合主导产业方向的 100 个高端项目，按投入总额 15%、最高 1000 万元给予奖补。支持龙头企业在现有园区中建设"园中园""区中园"，引导产业链上下游企业向园区集聚。

8.推动产业协同发展强链。围绕主导产业方向，建设若干具备科技研究、产业孵化、生产制造、检测服务、人才和资本支撑等能力的"产业公地"。鼓励上下游企业加强产品质量、技术工艺、认证体系等需求对接，夯实产业链合作基础。建设产业集群信息共享平台，加强政府、企业、新型研发机构、高校院所、行业协会等合作，按行业建立企业间需求定期对接工作机制。建立先进制造业和现代服务业产业链双向互动机制，支持制造企业创建国家和省级服务型制造示范企业，鼓励服务企业通过委托制造、品牌授权等方式向制造环节拓展。构建以知识产权为纽带的产业保护联盟，打造一批支撑产业发展的高价值专利组合和知名品牌。鼓励区块链技术落地应用，支持龙头企业构建联盟链，促进产业向价值链中高端攀升。

四、完善创新产品应用激励机制

9.加快先进技术应用场景建设。建立先进技术应用场景征集、遴选和发布制度，重点围绕智能网联汽车、北斗导航、无人机等领域，布局建设一批新技术新产品新模式的平台型应用场景。实施新技术产业应用示范工程，支持未来网络、人工智能等新技术与实体经济深度融合。围绕"智慧南京""安全南京""健康南京""绿色南京"等建设，布局一批新型基础设施，率先应用区块链、大数据、物联网、燃料电池等先进技术，形成以重大应用为牵引的技术集成标准和模式。对应用场景重大建设项目，给予最高 2000 万元支持。

10.加快创新产品应用示范。设立市创新产品推广办公室。组建创新产品专家委员会，开展投资项目创新性、公平性评价。制定发布《南京市创新产品应用示范推荐目录》，鼓励优先应用创新产品和服务。支持首台

（套）创新重大技术装备应用示范。大力促进医药创新产品应用，完善支持相关创新产品优先纳入医保的政策措施，简化创新药品、先进医用耗材和高端医疗器械进入医院的招投标流程。在政府投资的重点工程中，使用与目录内创新产品同类别的，应预留 5% 以上预算份额用于创新产品应用示范。创新产品使用不可替代专利、专有技术的，可采取单一来源方式。创新产品自进入目录之日起两年内视同具备相应销售业绩。建立创新产品推广应用行政容错免责机制，单位相关负责人在符合规定条件、标准和程序，同时勤勉尽职、没有谋取非法利益的前提下，免除其决策责任。

五、完善创新要素有效支持机制

11. 优化人才发展环境。编制主导产业人才地图，加大海外柔性引才用才力度，鼓励企业在全球建设"人才飞地"。优化调整高层次人才科技贡献奖补政策，加大对产业紧缺的外籍高端人才奖补力度。探索以薪资待遇、股权分红、任职经历等社会化评价作为人才认定的重要标准。对符合主导产业方向的重点企业，根据经济贡献赋予人才举荐权；重点人才团队成员可破格享受相关人才服务政策。加快增加人才住房实物供给，优化人才住房分层次、多方式配置。鼓励企业加大职工教育投入，对执行职工教育经费税前扣除政策成效显著的企业给予奖励。外籍高端人才居留许可证、工作许可证市级办理时间，最短压缩至 5 个工作日。为创新创业人才精准提供文化体育等消费优惠和便利服务。在有条件的医院定点开设专家人才就医绿色通道，深度推进长三角跨市异地就医门诊医疗费用直接结算，将灵活就业人才纳入结算范围。

12. 强化金融服务支持。鼓励建立孵化创投主体（含基金、创投机构、天使投资人）的新型孵化器，采取"一事一议"方式支持。大力发展数字金融，推动数字资产登记结算平台、数字普惠金融一体化服务平台建设。探索设立跨境股权投资基金，推动境外天使投资、创业投资等机构投资人来宁投资科创企业。推动金鱼嘴基金街区、扬子江国际基金街区等基金集聚区建设，打造科技金融服务高地。加大科创基金对种子期、初创期、成长期科技型企业的直投力度；建立天使基金、科创基金、产业基金协同机制，加强市区基金联动，形成投资合力。鼓励科技企业通过综合金融服务平台发布融资需求，引导金融机构加大精准支持。创新"宁创贷"、转贷基金、政策性担保等支持方式，更大力度为科技企业提供融资服务。

13. 强化数据开放应用。大力发展数字经济，制定实施数字经济发展三年行动计划。加快数据商品化、产业数字化进程，组建市大数据公司，推动数据资源与产业转型、政府治理、城市管理、民生服务等深度融合。建设全市政府数据汇聚平台，建立市级信息资源共享开放与绩效评价制度。逐步构建全域数据科学采集机制，结合公共数据、政务数据、企业数据等各类数据源特点，构建多渠道、实时性的数据采集体系，加强分析与应用。探索建立大数据交易主体、交易平台、交易模式等规则制度，形成大数据交易机制和规范程序。鼓励企业推进资产数字化，支持骨干大数据企业及基础电信企业利用技术优势和产业整合能力，向小微企业和创业团队开放接口资源、数据信息、计算能力等。强化数据安全保障与隐私保护，完善数据应用安全管理制度规范。

14. 优化产业发展空间。深化南京高新技术产业开发区管理体制改革。完善主城区产业形态和布局，积极打造都市型产业新载体。完善"硅巷"建设标准，根据绩效给予奖励。支持建设高标准厂房，允许按幢、按层为基本单元分割登记和转让。推动政府、市属国企持有房产支持双创载体建设，使用权可跨系统、跨层级委托相关专业机构或政府平台公司运营。在江南、江北选址预留超级总部基地空间，规划具有南京特色的超级总部经济区，采取差别化土地供应方式，吸引全球标杆企业及重要分支机构入驻。支持跨市跨区建设"产业飞地"，探索产业共育、利益共享、资源共用一体化发展新机制。全方位支持江苏南京国家农业高新技术产业示范区和南京国家现代农业产业科技创新示范园区建设，在创新资源导入和资金、土地等要素供给方面给予优先保障。

六、完善创新生态持续优化机制

15. 优化企业家发展环境。弘扬企业家精神，设立南京企业家日。聘请优秀企业家担任"南京创新名城顾问""营商环境特约监督员"。每月第一个工作日定为企业家服务日，建立市领导联系重点企业常态化制度。建立科技型企业家职称评审"绿色通道"，可按规定直接申报高级专业技术职称。深化工程建设项目审批制度改革试点，进一步稳定企业家发展预期。

16. 深化开放合作创新。探索"生根计划"合作新路径，做实做强海外协同创新中心，鼓励国际产业合作区建设，加快科技成果在宁转化落地。开展"百校对接计划"，三年内从各区（园区）选派 100 名科技人才专员，驻点对接全国 100 所重点高校院所，深化校地产学研合作。提升南京创新周、世界智能制造大会等品牌国际影响力，丰富境外创新周活动内容和方式。积极参与融入国家"一带一路"科技创新合作行动计划。加快建设长三角科创圈，促进沿沪宁产业创新带、宁杭生态经济带、南京都市圈创新一体化。支持自贸试验区南京片区在创新要素跨境流动、跨境研发、创新创业资本跨境合作等方面改革创新，加快建设"研发特区"，并探索与综保区、高新区、经开区等联动创新。

17. 强化知识产权保护。支持江北新区国际知识产权金融创新中心建设。严格执行知识产权侵权惩罚性赔偿制度。强化知识产权纠纷应对及援助服务，对知识产权纠纷案件取得胜诉或达成有利和解的，按诉讼费 50%、最高 50 万元给予补贴。支持布局建设高价值专利培育中心。加强与全球高端研发机构合作，探索在科创基金中设立知识产权投资子基金，支持开展先进技术预研，共享研发成果。实施专利导航工程，加强未来产业关键技术布局。高标准建设长三角新结构经济学知识产权研究院。

18. 强化组织推进落实。设立市委创新委员会，统筹规划创新名城建设总体任务，组织编制战略规划，研究制定重要政策，协调推进重大事项，评估督查重点工作；将政策落实情况列入市对部门、区高质量发展综合考核，以及党政领导干部考核。市有关部门要根据创新名城系列政策统筹制定实施细则，参与各政务服务大厅"政策兑现受理窗口"建设运行，优化运作机制和办理流程，建立线上政策服务平台，探索建立容缺受理机制。江北新区、各区（园区）要结合实际制定贯彻落实具体措施。各职能部门要建立常态化决策咨询机制，依托第三方智库平台，开展创新战略、产业图谱、行业分析、政策评估等专题研究，提升创新治理效能。

A7 安徽省新型研发机构认定管理与绩效评价办法

第一章 总 则

第一条 为贯彻落实科技部《关于促进新型研发机构发展的指导意见》（国科发政〔2019〕313号），依据《安徽省贯彻落实〈国家创新驱动发展战略纲要〉实施方案》和《安徽省人民政府支持科技创新若干政策》（皖政〔2017〕52号）等文件精神，进一步引导和规范安徽省新型研发机构的建设与发展，制定本办法。

第二条 安徽省新型研发机构是指在安徽省内注册设立并运营，聚焦科技创新需求，主要从事科学研究、技术创新和研发服务，投资主体多元化、管理制度现代化、运行机制市场化、用人机制灵活的独立法人机构，可依法注册为科技类民办非企业单位（社会服务机构）、事业单位和企业。

第三条 新型研发机构是全省科技创新体系的重要组成部分，主要功能是：面向全省战略性新兴产业集聚发展和传统产业改造升级的重点领域，开展基础研究、应用基础研究、产业共性关键技术研发、科技成果转移转化以及研发服务等活动。

第四条 发展新型研发机构，坚持"谁举办、谁负责，谁设立、谁撤销"。举办单位（业务主管单位、出资人）应当为新型研发机构管理运行、研发创新提供保障，引导新型研发机构聚焦科学研究、技术创新和研发服务。

第五条 省科技厅负责指导推动全省新型研发机构建设发展，组织开展安徽省新型研发机构的申报、认定、定期评估、绩效评价和动态管理，制订并发布有关政策文件。各省辖市、省直管县科技管理部门是新型研发机构建设的服务管理主体和监督主体，负责本辖区内新型研发机构的引进、培育、组建、认定、日常管理和监督等工作，并采取政策措施支持本辖区内新型研发机构建设运行。

第二章　认定与评价

第六条　申报安徽省新型研发机构须符合以下条件：

1. 具备独立法人资格。申报单位须是在安徽省内注册，具有独立法人资格的组织或机构，具有一定的经济实力和相对稳定的资金来源，主要办公和科研场所设在安徽省，注册后运营 2 年以上。

2. 拥有多元化的投资主体。由单一主体所持有的财政资金举办，且主要收入来源为长期稳定财政资金投入的研发机构，原则上不予受理。

3. 具有以下研发条件。

（1）研发人员占职工总数比例原则上不低于 40%，且不少于 20 人。

（2）上年度研究开发经费支出占当年收入总额比例原则上不低于 30%。

（3）具备进行研究、开发和试验所需科研仪器、设备和固定场地。

4. 实行灵活开放的体制机制。

（1）管理制度健全。具有现代化的管理体制，拥有明确的人事、薪酬、行政和经费等内部管理制度。

（2）运行机制高效。包括市场化的决策机制、高效率的成果转化机制等。

（3）引人机制灵活。包括市场化的薪酬机制、企业化的收益分配机制、开放型的引人和用人机制等。

5. 拥有明确的业务发展方向。

符合国家和地方经济发展需求，以开展产业技术研发活动为主，具有明确的研发方向和清晰的发展战略，在前沿技术研究、工程技术开发、科技成果转化、创业与孵化育成等方面有鲜明特色。

6. 具有相对稳定的收入来源。

主要包括出资方投入，技术开发、技术转让、技术服务、技术咨询收入，政府购买服务收入以及承接科研项目获得的经费等。主营业务收入主要来自科技创新活动，技术开发、技术转让、技术服务、技术咨询、政府购买技术性服务收入和技术股权投资收益占年收入总额的比例原则上不低于 60%。

第七条　新型研发机构应全面加强党的建设。根据《中国共产党章程》规定，设立党的组织，充分发挥党组织在新型研发机构中的战斗堡垒作用，强化政治引领，切实保证党的领导贯彻落实到位。

第八条　安徽省新型研发机构申报认定程序如下：

1. 自评申报。省科技厅发布申报通知，对照本办法和申报通知，自评符合申报条件的单位登录安徽省科技管理信息系统，在规定时间内完成申报表填报及有关证明材料上传。

2. 审核推荐。申报单位所在市或省直管县科技管理部门负责对申报材料进行审核并对审核通过的提出推荐意见，省科技厅根据审核意见受理申报。纸质申报材料及审核意见须按要求打印并加盖单位公章，由审核单位送交指定业务受理窗口。

3. 形式审查。省科技厅委托第三方服务机构对申报材料的完整性和规范性进行形式审查，符合要求的进入评审论证环节。

4. 评审论证。评审论证包括网络评审、会议评审、现场考察等多种形式。省科技厅按照有关规定，提出评审标准和要求，委托第三方组织专家进行评审论证，根据评审论证意见视情选择部分申报单位进行现场考察。

5. 结果公示。省科技厅主管处室根据专家评审论证意见及现场考察情况，提出认定意见并提请厅会议研究通过后，在省科技厅网站上进行公示。

6. 发布名录。省科技厅对公示无异议的申报机构，按年度统一发文公布安徽省新型研发机构名录，授予"安徽省新型研发机构"称号。

第九条　申报认定安徽省新型研发机构的单位须提交以下材料：

1. 安徽省新型研发机构申报表（附件 1）；

2. 经具有资质的中介机构出具的上一年度财务会计报告（包括会计报表、会计报表附注和财务情况说明书）及上一年度研究开发费用情况表，并附研究开发活动说明材料；

3. 机构章程和管理制度（包括人才引培、薪酬激励、成果转化、科研项目管理、研发经费核算等）；

4.近两年承担的市级以上政府和企业科技计划项目、自主立项研发项目、合作及委托研发项目等清单（包括项目名称、项目下达部门、编号、合作或委托单位、金额、起止时间）、立项证明或合同复印件等；

5.近两年科技成果产出和转化清单（包括成果名称、成果形式、成果登记时间、转化方式、转化收入及技术交易合同等相关证明材料）或创业与孵化育成企业清单（包括服务、创办、孵化企业等材料）以及设立创业风险投资基金，开展产学研协同创新等证明材料；

6.其他相关证明材料。

第十条　省科技厅委托第三方中介机构对安徽省新型研发机构进行绩效评价。对新认定的，在认定后的第二年，对照绩效评价指标体系，进行评价。评价结果为合格及以上的继续保留2年安徽省新型研发机构称号，此后每2年评价一次。参与绩效评价的安徽省新型研发机构，须对照绩效评价指标体系（附件2），登录安徽省科技管理信息系统，填写上两个自然年度的各项指标数据，并提交相关证明材料。不参与评价或评价结果为不合格的，取消安徽省新型研发机构称号。

评价得分60分以下的为不合格，60—70分的为合格，70—85的为良好，85分以上的为优秀。

第三章　支持措施

第十一条　符合条件的安徽省新型研发机构，可适用以下政策措施。

1.根据绩效评价结果，省科技厅视情择优给予经费后补助，支持其开展研发活动、招引人才团队、建设创新平台、提升产业创新服务能力等。

2.可按照要求申报国家及省级科技重大专项、国家重点研发计划等有关政府科技项目、科技创新基地和人才计划。

3.按照《中华人民共和国促进科技成果转化法》等规定，通过股权出售、股权奖励、股票期权、项目收益分红、岗位分红等方式，激励科技人员开展科技成果转化。

4.企业类新型研发机构可按照国家规定享受税前加计扣除政策，并可申请认定高新技术企业，享受相应税收优惠。

5.对省委省政府重点扶持的机构，采取"一事一议"的方式，单独组织申报认定。

第四章　管理与责任

第十二条　安徽省新型研发机构应当实行信息披露制度，通过公开渠道面向社会公开重大事项、年度报告等。发生名称变更、投资主体变更、重大人员变动等重大事项变化的，应在事后3个月内以书面形式向省科技厅报告，进行资格核实后，维持有效期不变。如不提出申请或资格核实不通过的，取消安徽省新型研发机构称号。

第十三条　安徽省新型研发机构应在每年3月份前按照要求填写上年度研发和经营活动基本信息，并向省科技厅提交上一年度工作总结报告（包括机构的建设进展情况、科技创新数据指标及下年度建设计划等）。

第十四条　安徽省新型研发机构应按要求参加科技统计，如实填报R&D经费支出情况。获得财政专项资金资助的新型研发机构，须遵守财政、财务规章制度和财经纪律，自觉接受监督检查。专项资金实行专账核算、专款专用，并纳入研发投入统计。对未按要求参加科技统计、严格财政资金管理的新型研发机构，取消其安徽省新型研发机构称号。

第十五条　建立安徽省新型研发机构监督问责机制。申报单位应加强科研诚信和科研伦理建设，如实填写安徽省新型研发机构申报、评价材料和提交相关证明材料，对于弄虚作假的行为，一经查实，3年内不得申报认定，并纳入科研诚信严重失信行为数据库。已通过认定的机构在有效期内如有失信或违法行为，将取消安徽省新型研发机构称号，追回财政支持资金，并依法依规追究责任。

对发生违反科技计划、资金等管理规定，违背科研伦理、学风作风、科研诚信等行为的安徽省新型研发机构，省科技厅将移交有关单位依法依规追究责任。

第十六条　各市、省直管县科技局在认定、绩效评价过程中，存在把关不严等未履职尽责的，在全省科技系统予以通报批评；各级评审专家、评审工作人员等在评审过程中存在徇私舞弊、有违公平公正等行为的，按照有关规定追究相应责任。

第五章　附　　则

第十七条　各市、省直管县科技局可参照本办法制定相关实施细则，开展本级新型研发机构认定管理与绩效评价等工作。

第十八条　本办法由省科技厅负责解释，自发布之日起施行，原《安徽省新型研发机构认定管理与绩效评价办法（试行）》同时废止。

附件 1

安徽省新型研发机构申报表

单位名称（盖章）：_____

单位负责人：_____

联系人：_____

联系电话：_____

传真号码：_____

手机号码：_____

电子邮箱：_____

联系地址：_____

推荐单位（部门）：_____

申报日期：_____

安徽省科学技术厅

二〇二〇年八月制

填 写 说 明

1. 申报单位指定专人会同财务、统计部门人员填写本申报表。

2. 填表文字应简洁，数据应准确、真实、可靠。表内栏目不得空缺，如果某项栏目内容没有，请填"无"。表格中的内容如果不够地方填写，可以扩充或加页。

3. 申报表中所涉科研成果及基础条件设施、平台等均为申请单位所有，所属权为其他参与或共建单位的不可列入。

4. 申报表中除了标明"年份"外，数据填写均指截止到填写日的累计值。

5. 申报单位法定代表人确认填写内容准确无误后，在本表承诺书上签字盖章，否则本表无效。

6. 指标说明

（1）"单位基本信息"部分

① 技术领域：申报单位主要产品和服务所属的技术领域。

② 研发类型：申报单位主要从事的研发活动类型。

③ 股东投资金额：若出资方以技术或者不动产入股，本栏填入实际入股形式及作价金额。

（2）"单位人员情况"部分

① 职工总数：指申报机构在安徽省内全职职工人员数（含合作单位派驻的科研及管理人员），不含兼职人员。

② 研发人员数：指机构中直接从事研究开发的人员数，不含管理和服务人员，但包括合作单位派驻及兼职研发人员，兼职人员按照实际工作天数折算为在职人员数。

③引进省高层次科技人才团队数量：指根据《安徽省扶持高层次科技人才团队在皖创新创业实施细则》以股权投资或债权投入的方式，引进支持的国（境）内外、省内外高层次科技人才团队。

④引进高层次人才数：可填入国家"国家杰青"、国家重大科技攻关项

目课题组长或首席科学家、"安徽省'115'产业创新团队"、"安徽省创新创业领军人才特殊支持计划"等。

（3）"研发基本条件"部分

① 办公和科研场所：专门用于开展研究开发活动和办公的场所及用房，如实验室、研发中心、研究部等。

② 政府及财政补助收入：政府补助收入与财政补助收入之和。政府补助收入是指企业从政府无偿取得货币性资产或非货币性资产，但不包括政府作为企业所有者投入的资本，分为与资产相关的政府补助和与收益相关的政府补助。与资产相关的政府补助，是指企业取得的、用于购建或以其他方式形成长期资产的政府补助。与收益相关的政府补助，是指除与资产相关的政府补助之外的政府补助。财政补助收入是指事业单位直接从财政部门取得的和通过主管部门从财政部门取得的各类事业经费，包括正常经费和专项资金。

③ 研发费用是指申报单位的研究支出与开发支出之和。

④ 非财政资金投入占研发费用的比例是指研发费用中非财政资金投入金额占比。

⑤ 5万元以上设备：指原值5万元及以上的科研仪器设备。

（4）"科技项目情况"部分

① 承担政府科技计划：指申报机构承担过的各级政府部门发布的科技计划项目。

② 承担企业科技项目：指申报机构承担过的其他企业委托的科技研发项目。

③ 自主立项、合作、委托研发项目：指申报机构自主立项开展的研发项目、委托其他单位开发的研发项目、与其他单位一起联合开展的研发项目。

（5）"近两年成果产出情况"部分

近两年成果：是指近两年来新登记科技成果。

科技奖励数：国家级、省部级分别指获得党中央国务院、省政府和科技部等国家部委授予的科技奖励。

（6）"社会效益与影响"部分

服务企业：指为其他企业提供产品开发、技术研发、工艺改进、人才培训和技术推广等科技服务。

7.此次申报填写的数据资料只能来源于申请机构本身，不能自行拓展到其投资主体所有。

承 诺 书

  填表单位承诺对所填写的各种数据和情况描述的真实性负责，保证不违反有关科技管理的纪律规定，全力配合相关机构调查处理各种失信行为。如我单位有弄虚作假行为，一经发现，省科技厅有权取消本次认定结果，我单位自行承担相应法律责任。

单位法定代表人（签字）：

单位（盖章）：

年 月 日

一、单位基本信息

单位名称				
地　址			邮政编码	
是否在安徽省拥有独立法人资格			（选填数字）1. 是　2. 否	
法人性质		（选填数字，单选）1. 企业　2. 事业单位　3. 民办非企业		
组织机构代码 （统一社会信用代码）				
技术领域		（选填字符，可多选） A. 集成电路　B. 新型显示　C. 智能语音　D. 智能终端 E. 软件和信息服务　F. 机器人　G. 通用航空　H. 智能制造 I. 现代农机装备　J. 轨道交通装备　K. 新材料　L. 生物医药 M. 现代中药　N. 高端医疗器械　O. 智慧健康　P. 生物农业 Q. 生物制造　R. 新能源汽车　S. 新能源　T. 节能环保 U. 电子商务　V. 云计算和大数据　W. 数字创意 X. 传统行业改造提升（须注明行业）		
主营业务		（选填数字，可多选） 1. 应用基础研究　2. 成果二次开发　3. 技术转移转化 4. 企业孵化育成　5. 产业投融资　6. 科技服务		
注册时间			注册资金（万元）	

股东（或出资方）构成	序号	股东（或出资方）名称	股权比例（%）	投资金额（万元）	股东类型
	1				
	2				1. 企业 2. 事业单位 3. 社团组织 4. 投资基金 5. 其他（说明）
	3				
	4				
	5				

二、单位人员情况

职工总数（人）			研发人员数（人）		
自有研发人员学历（人）	博士	硕士	本科	专科	其他
自有研发人员技术职称（人）	高级职称	中级职称	初级职称	其他	
兼职研发人员（人）	高级职称	中级职称	初级职称	其他	
专职科技成果转化人员（人）					
引进省高层次科技人才团队数量（个）					
引进高层次人才数（人）	国家杰出青年基金项目主持人	国家科技项目课题组长（首席科学家）	其他		
	安徽省"115"产业创新团队	安徽省创新创业领军人才特殊支持计划			
机构负责人	姓名		年龄		学历	
	职称		任现职时间			
负责人简介	（有从事技术研发、成果转化及其相应管理经历，请列举说明）					

三、财务基本情况

资产情况				
固定资产（万元）		流动资产 （万元）		研发仪器设备 原值 （万元）
办公和科研场所		自有产权：　平方米；租借　　平方米。		

近两年财务情况			
年度	年	年	合计
总收入（万元）			
政府及财政补助收入 （万元）			
引入风险投资金额 （万元）			
成果转化收入（万元）			
税前利润（万元）			
研发费用（万元）			
技术合同交易额 （万元）			
非财政资金投入占研 发费用的比例（%）			
"四技"收入、政府 购买技术性服务收入 和技术股权收益占总 收入的比例（%）			
职工教育经费占工资 总额比例（%）			
纳税总额（万元）			

近两年仪器设备情况 （填写 5 万元以上设备仪器）						
序号	仪器设备 名称	型号	数量	价格（万元）	购买 时间	使用政府补助资 金（万元）
	……（可增 加行数）					

四、近两年科技项目情况

类 型	合计	国家级	省部级	市级	县级
承担政府科技计划项目数（项）					
承担政府科技计划金额（万元）					
承担企业科技项目数（项）		承担企业科技项目金额（万元）			
自主立项研发项目数（项）		自主立项研发项目金额（万元）			
合作研发项目数（项）		合作研发项目自身投入经费数（万元）			
委托研发项目数（项）		委托研发项目金额（万元）			

五、近两年成果产出情况

（成果所有权主体为申请单位而非合作或共建单位）

专利产出	专利申请数（项）		发明专利申请数（项）		
	有效发明专利授权数（项）		有效实用新型、软件著作权、集成电路布图设计专有权 (项)		
	新药、新农药、新兽药数（项）		动植物新品种数（项）		
牵头或参与制定标准数（项）	国际标准	国家标准	行业标准	地方标准	企业标准
科技奖励数（项）	国家级		省部级		
科技成果登记	名称	获得时间		成果水平	
	……（可增加行数）				

六、社会效益与影响

创业与孵化企业情况	是否设立产业投资资（基）金			1. 是 2. 否
	如是，请列出名称：			
	创办企业数量（家）		孵化企业数量（家）	
累计服务行业或企业数（次／个）				
产学研情况	请列出申报机构主导或者参与的所有产学研合作项目或科技创新平台建设名称，比如产业技术创新战略联盟、重点实验室、工程技术研究中心、国际科技合作基地、技术转移服务机构、院士工作站、行业协会、检测中心等。			

七、机构运营管理

发展战略	说明：包括机构中长期发展战略和规划、主攻方向、定位、实现途径等，不超过800字。（有编制发展战略和规划的应作为辅证资料提交）	
主要管理 规章制度 （管理、研发、财 务、人事、激励等）	制度名称	实施时间

八、审核意见

市、县科技主管单位推荐意见	单位（公章）： 日期：
第三方服务机构形式审查意见	单位（公章）： 日期：

附件 2

绩效评价指标体系

| 一级指标 | | 二级指标 | | 三级指标 |
名称	权重	名称	权重	名称
1. 体制机制	18	1.1 清晰的战略设计	9	1.1.1 清晰的发展战略
				1.1.2 明确的研发方向
				1.1.3 多元的投资主体
		1.2 新型的运营机制	9	1.2.1 现代化管理制度
				1.2.2 市场化分配激励机制
				1.2.3 灵活的用人机制
2. 人才团队	18	2.1 研发人员规模	10	2.1.1 研发人员总数
				2.1.2 研发人员占机构总人数的比重（%）
				2.1.3 兼职研发人员数
				2.1.4 硕士学历或副高职称以上研发人员占全部研发人员比重（%）
		2.2 成果转化人员规模	2	2.2.1 技术经纪人数
				2.2.2 科技专员数
		2.3 高端人才和创新团队	6	2.3.1 引进市级以上创新团队数量（个）
				2.3.2 高层次人才创新创业情况
3. 创新能力	27	3.1 研发投入水平	9	3.1.1 研发经费支出总额
				3.1.2 研发经费支出占总收入的比重（%）
				3.1.3 原值 5 万元以上科研设备（万元）
		3.2 研发项目能力	8	3.2.1 承担（参与）财政科技计划项目数（项）及经费总额（万元）
				3.2.2 承担企业委托研发项目数（项）及经费总额（万元）
		3.3 研发产出水平	10	3.3.1 发明专利拥有量（申请量、授权量）（件）
				3.3.2 牵头或参与制定省级以上标准数量（个）
				3.3.3 登记科技成果数量

一级指标		二级指标		三级指标
名称	权重	名称	权重	名称
4. 创新效益	25	4.1 经济技术服务效益	12	4.1.1 机构总收入（万元）
				4.1.2 应纳税总额（万元）
				4.1.3 促成技术交易项目数（项）及交易总额（万元）
				4.1.4 技术性收入占总收入的比重（%）
		4.2 创业孵化效益	3	4.2.1 引入或设立投融资机构（基金）数及年投资服务创办孵化企业数（家）
				4.2.2 创办孵化企业数量（家）
				4.2.3 创办孵化企业营业收入（万元）
		4.3 社会效益	10	4.3.1 服务企业数量（次）
				4.3.2 带动区域创新创业情况
				4.3.3 对区域产业发展的促进作用
5. 开放协同	12	5.1 协同发展能力	6	5.1.1 国际交流情况
				5.1.2 与研发机构、专业服务机构合作情况
				5.1.3 与地方产业集群互动情况
		5.2 知名度	6	5.2.1 区域或行业的认知度
				5.2.2 举办（参与）重大创新活动情况
				5.2.3 总结推广经验做法情况
加分项指标	10	国家级、省级创新平台数量		获得国家级、省部级以上科技奖励数量

A8 北京市人民政府印发《关于新时代深化科技体制改革加快推进全国科技创新中心建设的若干政策措施》的通知

京政发〔2019〕18号

各区人民政府，市政府各委、办、局，各市属机构：

现将《关于新时代深化科技体制改革加快推进全国科技创新中心建设的若干政策措施》印发给你们，请结合实际认真贯彻落实。

北京市人民政府

2019 年 10 月 16 日

关于新时代深化科技体制改革加快推进全国科技创新中心建设的若干政策措施

为深入贯彻习近平新时代中国特色社会主义思想和党的十九大精神，全面落实习近平总书记对北京重要讲话精神，坚持全球视野、扩大开放，以更大的勇气通过制度创新驱动科技创新，为我国建设世界科技强国和北京建设具有全球影响力的科技创新中心提供有力支撑，制定以下政策措施。

一、加强科技创新统筹

1. 主动承接国家重大科技任务

面向世界科技前沿、面向经济主战场、面向国家重大需求，超前规划布局基础研究、应用基础研究及国际前沿技术研究，加快推动在国家亟需的战略性领域取得重大突破，打造世界知名科学中心。加强基础设施和公共服务配套，全力保障国家实验室在京布局。设立科学研究基金，加快建设北京怀柔综合性国家科学中心。积极承建国家重大科技基础设施、国家科技创新基地，深入对接国家科技创新 2030 重大项目、重点研发计划，推动更多重大任务在京落地。加强部市会商、市区联动，优先保障重大科技项目建设所需土地、空间等基础条件。支持新型研发机构、高等学校、科研机构、科技领军企业突破"卡脖子"技术，推动产业链上下游开展战略协作和联合攻关，着力打造竞争新优势。

2. 完善科技创新中心建设统筹制度

充分发挥北京推进科技创新中心建设办公室统筹协调作用，建立与中关村国家自主创新示范区部际协调小组联动工作机制，协调推进科技创新中心建设中的战略规划制定、重点任务布局、先行先试改革等跨层级、跨领域重大事项。统筹建立全市推进科技创新中心建设领导协调机制，加强重要政策协同，抓好重点任务落实。

3. 创新"三城一区"管理体制机制

根据中关村科学城、怀柔科学城、未来科学城、北京经济技术开发区（"三城一区"）功能定位和发展特点，按照权责利统一的原则，分区域、分步骤依法推进审批权限赋权和下放。将北京经济技术开发区试点的企业投资项目承诺制推广至"三城一区"。建立健全"三城一区"统计监测制度。鼓励"三城一区"创新选人用人机制和人员管理方式，支持以政府购买服务等方式，引进专业化、市场化、国际化第三方服务机构，为高层次人才引进、重大科技成果对接、产业项目落地等提供专业服务。

4. 加大科技创新投入力度

持续提高市区两级财政科学技术经费投入水平。切实加大财政资金对基础研究的稳定支持力度。落实研发费用加计扣除等政策，采取政府引导、税收杠杆等方式，鼓励企业、社会组织等通过共建新型研发机构、联合资助、公益捐赠等方式加大基础研究投入。推动建立与国家自然科学基金委共同出资、共同组织国家重大基础研究任务的新机制。

5. 完善科技创新决策咨询机制

成立由科技、产业、投资等领域高层次专家组成的本市科技创新决策咨询委员会，在重大战略规划与改革政策制定、科技基础设施与科研项目布局等方面提供决策咨询。创新常态化的政企对接机制，在制定重大规划计划和开展重大科研攻关时，充分征求行业组织、企业意见。通过政府购买服务等方式，引导首都高端智库、国际咨询机构参与科技创新决策咨询。

二、深化人才体制机制改革

6. 优化人才培养与评价机制

鼓励高等学校在人工智能、集成电路、云计算、转化医学与精准医学等领域设置新兴学科，加强高精尖产业高技能人才及专业管理人才培养。加强优秀青年科技人才培养，扩大本市自然科学基金、博士后计划等的资助面，加大资助力度。根据不同类型科研活动特点，分类健全人才评价标准。创新职称评价方式，推行代表作评价制度，将项目成果、研究报告、专著译著、工程方案、技术标准规范等纳入代表作范围。推动医疗卫生机构和医学科技人才评价机制改革，将临床试验和科技成果转化纳入医疗卫生机构绩效考核和人员职称评审体系。推动高等学校、科研机构及高水平医疗卫生机构职称自主评审权限下放。畅通技术转移转化人才职业发展通道，推行技术经纪等职称专业评价。

7. 创新编制使用和薪酬管理机制

按照"动态调整、周转使用"的原则，推进科研事业单位编制全市统筹调剂使用，进一步扩大科研事业单位在核定编制内的选人用人自主权。对市属高等学校、科研机构、医疗卫生机构等事业单位中符合条件的全时全职承担重大战略任务的高层次人才，允许采取年薪制、协议工资制、项目工资制等灵活多样的分配形式，所需支出不受本单位工资总额和绩效工资总量限制。

8. 提高科研人员因公出国（境）和来访便利性

优化科研人员因公出国审查、审批、备案等工作流程，压缩审批时间，争取适当延长审查批件有效期限。为战略科技人才及其核心团队国际学术交流开辟审批护照签证一体化服务通道。科研人员（包括"双肩挑"科研人员）出国执行学术交流合作任务，单位和个人的出国批次数、组团人数、在外停留天数可根据实际需要合理安排。受聘在京短期工作的外国专家生活费等资助经费标准，可由局级及以上聘用单位按照有关规定研究确定。

9. 优化外籍人才引进及服务保障

进一步完善境外高层次人才收入政策。对符合条件的外籍高层次人才和急需紧缺人才，可按照外国人才（A类）办理工作许可和工作居留许可，分别在 7 个工作日内办结。获得中国永久居留权的高层次外籍人才达到法定退休年龄，养老保险缴费年限不满 15 年的，可以延长缴费至满 15 年，并按规定享受养老保险待遇。引进的外籍人才如不能享受社会保险待遇，允许高等学校、局级及以上科研机构为其购买任期内商业养老保险和商业医疗保险。畅通工作机制，积极为引进的高层次人才提供子女入学等服务。在"三城一区"等区域建立外籍人才一站式综合服务平台。在全市推广朝阳、顺义服务业扩大开放综合试点示范区外籍人才出入境管理改革措施。

三、构建高精尖经济结构

10. 促进重点产业发展

深入抓好"10+3"高精尖产业政策落实，建立绿色审批通道，提高产业项目落地建设效率。推行产业用地弹性年期出让、土地租金年租制，合理控制高精尖产业用地成本。在符合规划和用途管制前提下，允许经依法登记的农村集体经营性建设用地用于建设科技孵化、科技成果转化和产业落地空间。积极推进大兴、房山、顺义、昌平、通州等区和北京经济技术开发区标准厂房建设工作，为智能制造、医药健康等高精尖产业发展创造有利条件。

11. 提升重点产业市场准入便利化水平

创新适合新技术、新产品、新业态、新模式发展的监管机制，对处于研发阶段、缺乏成熟标准或暂不完全适应既有监管体系的新兴技术和产业，实行包容审慎监管。积极申请建设北京医疗器械服务站、人类遗传资源行政审批服务站，开展国际多中心临床试验等试点。积极推动"人工智能＋云＋健康"等创新技术、产品和服务在卫生健康领域开展示范应用与推广。建设面向人工智能产业发展的公共数据库、检验测试标准及服务平台，支持通用软件和技术平台的开源开放，加快完善面向行业应用的服务体系。建立产业分类管理制度，重点支持高附加值、环境友好型的高端产品研发。

12. 加强科技成果转化制度保障

推动《北京市促进科技成果转化条例》立法，允许赋予科技人员职务科技成果所有权或长期使用权，明确科技成果完成人自主实施科技成果转化相关权利，简化科技成果转化有关资产管理程序，明确财政资金设立的应用类项目的科技成果转化要求，规范担任领导职务的科技人员获得奖励报酬的方式和条件，建立科技成果转化活动中勤勉尽责制度。

13. 改革科技成果转化管理机制

建立适应技术类无形资产特点的资产管理制度，对国有技术类无形资产与其他类型国有资产实行差异化管理。允许高等学校、局级及以上科研机构和高水平医疗卫生机构委托国有资产管理公司，代表本单位统一开展科技成果转化活动。高等学校、科研机构、高水平医疗卫生机构及其所属的具有法人资格单位担任领导职务的科技人员，是科技成果主要完成人或者对科技成果转化作出重要贡献的，可按照国家有关规定获得奖励报酬，并实行公开公示制度。

四、深化科研管理改革

14. 统筹优化科技计划（专项、基金等）布局

加快构建覆盖科技创新全过程的本市财政资金统筹机制，加强对科

研类市级科技计划（专项、基金等）的优化整合。建立科技计划（专项、基金等）管理联席会议制度，对全市科技计划（专项、基金等）设置、实施方案、经费概算、管理级次和模式等进行统筹指导。对接国家重大科技任务布局，建立接续支持机制，促进项目形成的科技成果在京转化。

15. 完善科研项目管理机制

简化科研项目申报流程和材料，推行项目材料网上报送和"材料一次报送"制度，强化项目管理信息开放共享，实现一表多用。针对关键节点实行"里程碑"式管理，减少科研项目实施周期内的各类评估、检查、抽查、审计等活动；严格依照任务书开展综合绩效评价；对实施周期3年以下的项目一般不开展过程检查。实行科研项目绩效分类评价，根据需要引入国际评估。建立相关部门为高等学校和科研机构分担责任机制，对自由探索和颠覆性技术创新活动中已履行勤勉尽责义务，但因技术路线选择失误导致难以完成预定目标的单位和项目负责人予以免责。加强科研诚信建设，营造良好学术风气。

16. 扩大科研项目经费使用自主权

在财政科研项目总预算不变的情况下，除设备费与间接费用原则上不予调增外，其他科目的使用和调整全部下放至项目承担单位；设备费如需调增，由承担单位据实核准，验收（结题）时向项目主管部门备案。高等学校、科研机构、医疗卫生机构依法依规制定的横向项目经费管理办法，可作为评估、检查、审计等的依据。

17. 加大科研项目经费激励力度

选取对试验设备依赖程度低的智力密集型市级财政科研项目作为试点，间接费用核定比例不超过直接费用扣除设备费的30%，基础研究领域中数学、物理类科研项目的间接费用核定比例不超过直接费用扣除设备费的60%。间接费用中的绩效支出不设比例限制，纳入工资总额统计范围，不受本单位绩效工资总量限制。

18. 开展科研项目经费包干制试点

在基础研究领域选择部分科研成效显著、科研信用较好的高等学校、科研机构、医疗卫生机构，开展市级财政科研项目经费包干制试点，项目负责人可根据科研活动的实际需要自主决定使用项目经费，且不设科目比例限制。对实行包干制管理的财政科研项目经费使用实行负面清单管理。

19. 完善科技创新监督检查机制

对科研项目和科研活动的审计和财务检查要尊重科研规律，建立信息共享、结果共用、问题整改问责共同落实等工作机制。设有内部审计机构的局级及以上行政事业单位，经备案，其出具的科研项目审计报告可作为验收依据。审计机关在科研项目审计中，应当有效利用内部审计力量和成果，对内部审计发现且已经纠正的问题不再在审计报告中反映。审计机关在审计工作中要坚持客观求实，充分尊重科学研究灵感瞬间性、方式随意性、路径不确定性的特点，实事求是地反映问题，客观审慎地作出审计处理和提出审计建议。

20. 放宽科研仪器设备采购标准

简化科研仪器设备采购流程，对科研急需的设备和耗材，采用特事特办、随到随办的采购机制，可不进行招投标程序，缩短采购周期；对独家代理或生产的仪器设备，按程序确定采取单一来源采购等方式增强采购灵活性和便利性。简化科研仪器设备变更政府采购方式审批流程，对符合功能要求、技术参数标准的仪器设备，可一次性集中提出申请，由主管预算单位归集后向市财政部门申报。

21. 鼓励科研机构机制创新

进一步深化科研事业单位体制改革。推动科研机构制定章程，完善内部治理结构，建立高效运行机制。主管部门对章程赋予科研机构管理权限的事务不得干预。支持建设一批世界一流新型研发机构，赋予其在人员聘用、职称评审、经费使用、运营管理等方面的自主权，实行财政科技资金负面清单管理。鼓励新型研发机构与高等学校联合培养研究生。

五、优化创新创业生态

22. 完善科技型国有企业创新激励机制

扩大市属科技型国有企业员工持股实施范围，激发核心技术骨干的积极性和创造性。鼓励市属国有企业引进市场化、专业化创新服务机构运营管理，推动存量产业空间转型发展。支持中央企业在京设立具有独立法人资格的研发中心，鼓励开展市场化改革。

23. 完善创新创业服务机制

支持符合首都城市战略定位的科技型企业根据市场需求和经营需要在各区之间合理流动，推进工商税务登记迁移一体化办理，市市场监管、税务和行业主管部门可直接为其办理相关登记、备案手续。完善高新技术企业培育库制度，加强对入库企业的服务和支持。健全科技型企业"一企一策"服务机制，实施世界级领军企业培育计划。支持技术研发、概念验证、工业设计、测试检验、中试熟化、规模化试生产等公共科技服务平台建设，为中小企业提供专业化服务。加强生命科学、人工智能、集成电路、5G等领域专业化孵化器建设，开展项目深度孵化。发挥北京市科技创新基金引导作用，探索设立孵化接力基金，专门投资孵化器自有基金退出投资的优质项目。

24. 强化知识产权创造、保护和运用

强化知识产权保护，加大惩罚性赔偿力度，提高侵权成本。充分发挥中国（北京）知识产权保护中心、中国（中关村）知识产权保护中心作用，围绕新一代信息技术、高端装备制造、医药健康、新材料等产业建立知识产权快速协同保护机制。大力支持科技型企业进行海外知识产权布局和技术并购。完善企业知识产权海外维权援助机制，支持服务机构开展目标市场知识产权调查、预警、制定应对策略等服务。加大对高精尖产业的发明专利和海外知识产权获权的资助力度。发挥北京市科技创新基金引导作用，支持设立高价值专利培育收储投资子基金，建立重点领域专利池。

25. 统筹推进应用场景建设

聚焦人工智能、5G、区块链、大数据、云计算、北斗导航与位置服务、生命科学、前沿材料、新能源、机器人等重点领域搭建应用场景。建立市级层面应用场景建设统筹联席会议制度，完善前置咨询评议、供需对接机制，定期发布应用场景项目清单，建设一批应用场景示范区（或试验区）。对经过市场检验的应用场景创新成果，包括首台（套）重大技术装备，通过首购、订购等方式予以支持。

26. 完善创新创业金融服务

发挥政府引导基金作用，吸引社会资本投资原始创新、成果转化、高精尖产业，形成覆盖种子期投资、天使投资、风险投资、并购基金的基金系。对于投资早期"硬科技"的引导基金，建立子基金注册绿色通道，引导更多知名优秀投资机构在京开展业务。针对科技型企业的信用状况和发展阶段，试行银行信贷业务的差异化风险补偿机制。利用风险补偿、贷款贴息等手段，提升科技型企业首次融资成功率。依托本市企业信用信息公示系统，构建全市统一的科技企业信用数据支持平台和综合信用评价体系，整合相关企业经营及外源融资数据，向金融机构开放。探索设立专业化的科技保险机构。推动完善知识产权保险体系，按照政府引导、市场主导的原则，建立财政支持的知识产权保险风险补偿和保费补贴机制。支持科技租赁公司开展"租赁＋投资""租赁＋保理"等创新业务。

27. 提升科研条件通关便利化水平

简化本市创制性新药临床试验所需进口样品通关程序，允许以临床试验（项目）或年度为单位发放批件，每次进口只需备案即可。对于符合条件的科技型企业暂时进口的非必检的研发测试车辆，根据测试需要，允许暂时进口期限延长至2年。

28. 深化京津冀协同创新

充分发挥国家自主创新示范区、自由贸易试验区、北京市服务业扩大开放综合试点、国家高新技术产业开发区及国家级经济技术开发区等相关政策作用，进一步加强政策互动，推动京津冀协同创新。加强京津冀科技计划合作，支持各类创新主体跨区域开展创新活动。推进高新技术企业资质在京津冀互认。依托首都科技条件平台等公共服务平台，推进仪器设备、科技成果、科技信息资源共享共用。完善科技创新券使用机制，推进科技创新券在京津冀互通互认。打造京津冀临床试验协同网络，积极推动涉及人的生物医学研究伦理审查结果在京津冀实现机构间互认。深化医疗器械注册人制度试点，允许本市医疗器械注册人委托津冀地区企业生产，共同建设医药健康产业基地。实施京津冀智能制造协同创新计划，促进津冀产业升级。

29. 深化京港澳科技合作

完善京港澳科技合作机制，促进人才、技术、资本、信息等创新要素跨境流动。加强与港澳地区人才交流合作，建立青年科学家沟通交流平台，鼓励港澳地区科学家参与北京国际学术交流季等活动，支持京港澳创新主体联合开展研发和成果转化。依托北京市科技创新基金，加强与港澳地区机构合作，充分发挥港澳金融优势，链接国际高端创新资源。

30. 进一步提升开放合作水平

办好中关村论坛，打造成为具有国际影响力的集科学技术交流和成果展示、发布、交易于一体的综合性平台。积极对接国际大科学计划项目，推动重大科技基础设施向全球开放共享。支持高等学校、科研机构、企业在国际创新人才密集区及"一带一路"沿线国家和地区设立离岸科技孵化基地，与海外机构共建一批高水平联合实验室和研发中心。积极争取国际科技组织、联盟或其分支机构落户北京。支持跨国公司研发中心在京发展，对外资全球研发中心和具有独立法人资格的研发中心，给予跨国公司地区总部同等政策支持。

A9　天津市人民政府办公厅关于加快产业技术研究院建设发展的若干意见

区人民政府，各委、局，各直属单位：

为深入实施创新驱动发展战略，加快推进产业技术研究院建设，打造具有国际影响力的产业创新中心生态体系，结合本市实际，经市人民政府同意，提出以下意见。

一、指导思想

以习近平新时代中国特色社会主义思想为指导，全面贯彻党的十九大和十九届二中、三中全会精神，以习近平总书记对天津工作提出的"三个着力"重要要求为元为纲，以新发展理念为引领，抢抓京津冀协同发展历史性窗口期，深化体制机制改革，广聚国内外科技资源，加快引进培育、发展壮大一批产业技术研究院，不断完善企业为主体、市场为导向、产学研深度融合的技术创新体系，着力推进创新型城市和产业创新中心建设，推动实现高质量发展，为全面建成高质量小康社会、加快"五个现代化天津"建设提供有力支撑。

二、功能定位与建设原则

（一）功能定位。本意见所称产业技术研究院，是指在天津注册，聚焦人工智能、生物医药、新能源新材料等战略性新兴产业创新链后端，在工程技术开发、技术商品化、科技成果转化和企业衍生孵化等方面具有鲜明优势与特色的新型研发机构，是投资主体多元化、建设模式国际化、运行机制市场化、管理制度现代化的独立法人组织。

主要功能包括：

——集聚资源。吸引聚集海内外高端人才、重大成果、产业资本等高端要素；突出对京津冀资源的协同整合，充分吸纳北京科技创新中心溢出资源。

——技术供给。向社会提供关键共性技术、产品样机、生产工艺、装备等面向生产的技术成果；打通科学研究与产品开发之间"最后一公里"。

——转化孵化。加快技术成果转移转化，推动企业内部创业和裂变发展，衍生孵化一批具有爆发式增长潜力的科技型企业。

——人才输送。加速人才在高校院所和产业间自由流动，加快人力资本活化，促进创新人才向产业人才、创业者、企业家转变。

——战略导航。以全球化视野聚焦天津产业基础和发展战略，进一步加强对全社会技术创新的引导和服务能力，增强研发的组织协调性和目标导向性。

（二）建设原则。

——市场运作，政府引导。发挥市场在科技资源配置中的决定性作用，根据市场需求，遵循市场规则和科研规律，由市、区两级政府共同支持引导产业技术研究院的建设和运行。

——改革探索，攻坚破冰。探索建立以增加知识价值为导向、有利于激发科研人员创新活力的新型体制机制，聚焦改革难点痛点，打造高校院所科研体制改革的"试验田"。

——聚焦高端，宁缺毋滥。高标准遴选产业技术研究院予以扶持，本着面向产业链、创新链的中高端，竞争上游，上游竞争，引领产业转型升级。

——整合力量，开放创新。充分调动"产、学、研、用、资"各方力量，实现产业技术研究院创新要素高度集成，立足天津、辐射京冀、服务全国、面向世界，推动创新发展互利共赢。

三、建设目标

到 2020 年，经认定的产业技术研究院达到 20 家，累计开展 3000 次以上技术服务（含委托研发、技术转让），开发新技术、新产品、杀手锏产品400 项，衍生孵化企业 200 家，成为产业创新中心生态体系中最活跃、最高效的组成部分。

到 2025 年，经认定的产业技术研究院达到 30 家，累计开展 1 万次以上技术服务（含委托研发、技术转让），开发新技术、新产品、杀手锏产品1000 项，衍生孵化企业 600 家；涌现出一批自身及衍生企业总收入过百亿元的产业技术研究院，孵化出一批在行业内具有重要影响的上市企业，成为具有国际影响力的产业创新中心的重要支撑。

四、主要任务措施

（一）建立产业技术研究院认定管理制度。市科技主管部门负责制定产业技术研究院的认定标准，委托第三方机构开展产业技术研究院资格认定工作。通过认定的产业技术研究院，有效期为 3 年。从获得资格认定年度起，享受与产业技术研究院有关的扶持政策。

（二）建立产业技术研究院年度考核与财政资金奖励制度。着眼于激发产业技术研究院创新活力，培育新兴产业，加速科技与经济融合发展，对上年度产业技术研究院开展技术开发、成果转化、企业孵化和对地方经济贡献的绩效进行评价；建立年度考核和财政资金奖励制度，根据评价考核结果择优给予奖励，每家每年奖励额度最高不超过 1000 万元，特殊情况（特别优秀的）可突破奖励补贴上限，给予大力支持。

（三）支持产业技术研究院创新能力建设。产业技术研究院或衍生企业牵头承担国家科技重大专项和国家重点研发计划重点专项项目的，市、区两级财政共同给予国家支持额度 1∶1 的配套资金支持，其中市、区各占50%。产业技术研究院申报市级科技计划的，不受申报项目数量限制。对于进口国内不能生产或者性能不能满足需要的科学研究和科技开发等仪器设备，未能享受进口税收优惠的，市财政根据产业技术研究院上年度进口科学研究和科技开发等仪器设备的应纳税额，给予不高于 50% 的补贴，每家每年补贴额度不高于 500 万元。领军企业产学研用创新联盟将秘书处设在产业技术研究院的，优先支持由联盟组织实施本市科技重大专项并提出指南建议，由符合条件的联盟成员单位进行申报。

（四）加快衍生企业发展。产业技术研究院衍生企业主要负责人优先纳入本市新型企业家培养工程。对产业技术研究院发起设立的天使基金和创投基金，天津市天使投资引导基金和创业投资引导基金同等条件下优先给予参股支持。对投资于产业技术研究院衍生且在天津市注册企业的天使类投资，发生投资损失的，由天津市天使投资引导基金给予投资机构不超过实际投资损失额 50% 的补偿，单个企业项目投资损失最高补偿 300 万元。

五、组织保障

（一）加强组织领导。市级有关部门、各区（功能区）要加强协调配合，优化办事流程。市科技主管部门负责产业技术研究院的认定和管理工作，并会同市财政局做好产业技术研究院年度考核和财政资金支持工作。各区（功能区）科技主管部门负责辖区内产业技术研究院的相关管理工作。

（二）加大财政支持。市财政统筹现有科技资金，支持产业技术研究院建设发展。各区（功能区）要将对产业技术研究院的支持纳入本级财政预算。

（三）强化政策落实。市、区联手建立人才引育、落户和机构引建等已有政策落实机制，实行"一对一"联系服务，确保逐项落实到位。对支撑和引领全市科技进步、高端人才培育、产业升级发展具有重大意义的产业技术研究院，市、区两级可采取"一院一策"的方式，共同给予更大力度扶持。各部门、各区（功能区）要抓好现有政策落地实施，鼓励出台更大力度的支持政策。

本意见自发布之日起实施，2020 年后将视实施情况优化完善。

天津市人民政府办公厅

2018 年 8 月 27 日

A10 江苏省科学技术厅、江苏省财政厅关于组织申报 2017 年度省创新能力建设计划项目的通知

苏科计发〔2017〕23 号

各设区市、县（市）科技局（科委）、财政局，国家和省级高新区管委会，省有关部门，各有关单位：

为深入贯彻省第十三次党代会精神，全面落实全省科技创新大会部署和省"十三五"科技创新规划，加快推进产业科技创新中心和创新型省份建设，2017 年度省创新能力建设计划将着力打造具有江苏"高度"和"特色"的基础性公益性科研基地、创新服务载体与平台、高水平企业研发机构，提升自主创新能力，为全省"聚力创新、聚焦富民，高水平全面建成小康社会"提供坚强支撑。现将有关事项通知如下：

一、支持重点和实施方式

（一）基础性公益性科研基地

1. 重大科研设施预研

根据我省经济社会发展的重大需求，围绕国家战略部署，重点支持国家实验室等重大科研设施的筹备调研、预研等基础性工作。

实施方式：采用择优组织方式，整合相关科技力量，提出可行性方案，经专家论证，择优支持，成熟一个，启动一个。

2. 省重点实验室建设

突出前沿科学和交叉领域，开展原始创新研究，依托省内高校、科研院所（含新型研发机构）等优势科教单位，抢占未来科技制高点；优先支持引进海外一流创新团队组建的重点实验室。

根据《江苏省重点实验室评估规则（试行）》，对建设期满的省重点实

验室开展绩效评估，具体安排另行通知。

2017 年新建 2 个左右省重点实验室，重点支持人工智能、超材料、高效储能等领域的实验室布局。

申报条件：申请单位应为我省科教单位，需拥有该领域核心技术基础，有高水平的领军人才和团队。实验室新增投资（不含转移资产）不低于 2000 万元，研发场所独立集中，面积不少于 1500 平方米。每个重点实验室省拨经费分期资助总额不超过 500 万元。

3. 省属公益类科研院所能力提升

重点支持省属公益类科研院所面向我省经济社会发展与民生服务需求，围绕公益研究和公益服务职责，引进国内外高端资源和人才团队，拓展公益研究业务，提升公益服务能力，力争进入国内"一流"科研院所行列。

实施方式：依据省属公益类科研院所公益职能绩效评估结果，对评估优良的，在评估期内给予稳定的自主科研经费支持，具体安排另行通知。

（二）创新服务载体与平台

1. 新型研发机构建设

依据省政府科技创新"四十条政策"第 35 条，重点支持知名科学家、海外高层次人才创新创业团队、国际著名科研机构和高等院校、国家重点科研院所和高等院校在苏发起设立专业性、公益性、开放性的新型研发机构，开展技术研发、技术服务和产业孵化等。

实施方式：省政府科技创新"四十条政策"发布之后新引进并在我省注册的新型研发机构，根据支持新型研发机构发展的相关通知（另行发布）要求组织申报，经专家审核通过后，给予分期分档支持。

对省政府科技创新"四十条政策"发布之前已经注册，且没有获得过省级相关平台项目资助的新型研发机构，本年度可按照原省产学研联合创新载体建设要求，由各设区市推荐申报，经专家评审后择优支持。每市原则上推荐不超过 2 项，有省产学研协同创新基地的设区市可增报 1 项；国家级高新区、昆山市、泰兴市、沭阳县、常熟市、海安县可单独推荐 1 项。

2. 新型研发机构奖补

根据省政府科技创新"四十条政策"第26条，重点支持新型研发机构开展研发创新活动，具备独立法人条件的，对其上年度非财政经费支持的研发经费支出额度给予不超过 20% 的奖励。已享受其他各级财政研发费用补助的机构（经费）原则上不重复奖补。

实施方式：在我省注册、具有独立法人资格的新型研发机构，根据省有关支持新型研发机构研发活动的通知（另行发布）的相关条件，提出申请，经专家审核通过后，原则上依据其上年度研发经费支出给予奖补。

3. 技术转移机构补助

依据省政府科技创新"四十条政策"第17条，重点支持技术转移机构开展技术转移活动，对注册为独立法人符合相关条件的技术转移机构给予补助。已享受其他各级财政补助的机构原则上不重复补助。

实施方式：具有独立法人资格的技术转移机构，根据省有关技术转移机构补助通知（另行发布）的相关条件，提出申请，经专家审核通过的，原则上依据其上年度技术转移服务绩效等分类给予经费补助。

4. 科技服务骨干机构能力提升

重点支持科技服务业特色基地（示范区）组织引导市场化运行的科技服务骨干机构引进人才、集聚资源、升级资质、创新模式、创制科技服务标准，提升区域整体服务能力。省拨经费由特色基地（示范区）全部用于对骨干机构服务能力提升的绩效奖补。

实施方式：以省级科技服务业特色基地（示范区）、国家科技服务业区域试点等为主体，组织申报一项能力提升项目，每项遴选本区域内不低于 10 家创新创业骨干服务机构，以带动本区域整体服务能力的提升。遴选的骨干机构应为独立法人，在服务绩效、常规业务建设、人才等资源集聚、标准创制等方面取得显著成效。每项提升项目省拨款资助不超过 600 万元。无省级科技服务业特色基地（示范区）、国家科技服务业区域试点的设区市科技局（科委）可限额推荐申报 2 家科技服务骨干机构（近两年已获得过资助的，本年度不再支持）。

（三）企业研发机构

1. 龙头骨干企业（跨国公司）独立研发机构建设

依据省政府科技创新"四十条政策"第 35 条，重点支持中央直属企业、国内行业龙头企业、知名跨国公司在苏注册设立独立法人资格、符合江苏产业发展方向的研发机构和研发总部，引入核心技术并配置核心研发团队。

实施方式：对于省政府科技创新"四十条政策"发布之后新引进并在我省注册的龙头骨干企业（跨国公司）独立研发机构，填报《龙头骨干企业（跨国公司）独立研发机构建设申报书》，经专家评审，原则上依据引入核心技术和核心研发团队的创新水平、研发机构投入规模等，给予分期分档支持。

2. 省企业重点实验室（企业研究院）能力提升

重点支持企业研发机构"百企示范"，以打造有国际影响力的企业研发机构为目标，依托"985"高校或知名科研机构国家重点实验室等高水平研究平台，"离岸"建设省企业重点实验室，以整合一流创新资源，主动介入国内知名科教单位承担的国家级前瞻性技术研究项目，开展未来新兴产业关键技术和重大目标产品研发等，研发国际标准，取得国际专利。

实施方式：省企业重点实验室能力提升项目申报企业应建有国家级研发机构，相关产品年销售额 30 亿元以上并有盈利；近 2 年介入国内知名科教单位承担的国家前瞻性技术研究计划，签订共建协议，企业有一定的前期投入；新建研发场所原则上应在相关高校院所，且相对集中，新增投入不低于5000 万元。建设期间不给予省拨经费，建设期满验收合格后，给予不超过800 万元省拨经费后补助。各设区市科技局（科委）推荐不超过 2 项。

对能源环保领域省级及以上重点企业研发机构，本年度继续委托第三方评估机构对其 2014—2016 年期间创新能力提升和运行绩效进行评估，依据其研发绩效，择优给予 50 万～ 100 万元一次性后补助。

二、申报要求

1. 请设区市科技局（科委）加强对所辖县区的统筹，围绕全省创新驱动发展和地方经济建设的重点，加大重大项目组织，对重大科研设施、新型研发机构建设、科技服务骨干机构能力提升项目、企业重点实验室能力提升等重大项目与省科技厅会商后，再由项目单位正式报送申报材料。省级重点企业研发机构绩效项目严格按条件要求组织报送评估材料。

2. 项目申报单位要如实填写申报材料，对材料真实性负责，并出具信用承诺。项目申报书经项目负责人和参与人员签字确认后方可报送；项目预算应合理真实，承诺的自筹资金必须足额到位，禁止企业以其他政府资助资金作为自筹资金来源。同一单位以及关联单位不得将内容相同或相近的研发项目同时申报不同省科技计划。重复申报的，将取消评审资格。

3. 项目主管部门要强化风险意识、责任意识，严格把关，对申报材料进行全面审核，认真审核申报单位的承担能力、资信状况、财务状况、申报材料的可靠性与完整性等，并填写《申报项目审核意见表》，保证项目质量和水平。

4. 有不良信用记录的单位和个人，不得申报本年度计划项目。在项目申报和立项过程中相关责任主体有弄虚作假、冒名顶替、侵犯他人知识产权等不良信用行为的，一经查实，将记入信用档案，并按《江苏省科技计划项目相关责任主体信用管理办法（试行）》作出相应处理。

5. 严格落实省科技厅《关于进一步加强省科技计划项目申报审核工作的通知》（苏科计函〔2017〕7号，详见省科技厅网站）要求，项目负责人要切实强化项目申报的直接责任，如实填写项目申报材料，严禁剽窃他人成果等科研不端行为；项目申报单位要切实履行申报主体责任，对申报材料的真实性、合法性和有效性负责，严禁提供虚假材料、虚报项目内容、虚增项目投资等行为；基层项目主管部门要切实强化审核责任，对申报材料内容进行严格把关，严禁审核走过场、流于形式。对于违反要求弄虚作假的，将按照相关规定严肃处理。

三、其他事项

1. 申报材料统一用 A4 纸打印，按封面、项目信息表、项目申报书、相关附件顺序装订成册，重大科研设施、重点实验室、新型研发机构建设、科技服务骨干机构能力提升项目、企业重点实验室能力提升项目申报材料一式七份，其他项目一式五份（纸质封面，平装订）。除另附材料外，申报材料纸质版须与网上系统提交最终版一致。

2.各项目主管部门应对申报项目进行筛选审核，汇总推荐，并将汇总表（纸质一式两份）、申报项目审核意见表随同项目正式申报材料统一报送省科技计划项目受理服务中心，地址：南京市成贤街118号（省技术产权交易市场）。

3.申报材料需同时由项目主管部门统一在江苏省科技计划管理信息系统进行网上报送（网址：http://www.jskjjh.gov.cn）。本通知及有关表格请在省科技厅网站查询和下载。项目相关佐证材料统一由项目主管部门审核并填写《项目附件审核表》，不再在网上填报上传。项目申报材料经主管部门网上确认提交后，一律不予退回重报。本年度获立项项目将在省科技厅网站（网址：http://www.jstd.gov.cn）进行公示，未立项项目不再另行通知。

4.项目申报受理截止时间为2017年3月15日，逾期不予受理。需另行通知的项目申报截止时间以通知为准。

附件：

1.江苏省重点实验室建设申报书
2.江苏省新型研发机构建设申报书
3.江苏省科技服务骨干机构能力提升项目申报书
4.龙头骨干企业（跨国公司）独立研发机构建设申报书
5.江苏省企业重点实验室能力提升项目申报书

江苏省科学技术厅　江苏省财政厅

2017 年 1 月 20 日